天文学入门：带你一步步探索星空

A BRIEF INTRODUCTION TO ASTRONOMY

陈彦辉　舒　虹　著

中国科学技术出版社
·北　京·

图书在版编目（CIP）数据

天文学入门 ： 带你一步步探索星空 / 陈彦辉， 舒虹著． — 北京 ： 中国科学技术出版社， 2019.12
ISBN 978-7-5046-8420-2

Ⅰ．①天… Ⅱ．①陈… ②舒… Ⅲ．①天文学一普及读物 Ⅳ．①P1-49

中国版本图书馆 CIP 数据核字（2019）第 246558 号

总 策 划 《知识就是力量》杂志社
策划编辑 何郑燕 李银慧
责任编辑 李银慧
封面设计 满斗工作室
正文设计 胡美岩
责任校对 邓雪梅
责任印制 徐 飞

出 版 中国科学技术出版社有限公司
发 行 中国科学技术出版社有限公司发行部
地 址 北京市海淀区中关村南大街16号
邮 编 100081
发行电话 010-62173865
传 真 010-62173081
网 址 http://www.cspbooks.com.cn

开 本 720mm×1000mm 1/16
字 数 115千字
印 张 8.75
版 次 2019年12月第1版
印 次 2019年12月第1次印刷
印 刷 北京利丰雅高长城印刷有限公司
书 号 ISBN 978-7-5046-8420-2/P・203
定 价 38.00元

序

浩瀚星空，遥远而神秘，激发了人们无尽的幻想与灵感。随着素质教育的深入开展，普通中小学生以及大学本科生对天文知识的兴趣越来越浓厚，而适用于这一阶段的天文学科普教材严重不足。

本书作者借助一台 40 cm 的天文望远镜，拍摄了大量的天体图片并编辑成册，同时配合深入浅出的知识讲解，能够为中小学生以及大学本科生提供所需的天文知识，也有利于丰富公众素质教育的内涵。

此外，本书还将带领读者走进绚丽多姿的星空，去感受各种天体的瑰丽，去探寻宇宙深处的奥秘。

当读者在浏览丰富多彩的天体照片和图画的同时，还可以通过书中对基本天文知识所做的深入浅出的介绍，初步了解天体在星空中的位置，以及天体的起源和演化。

李焱

中国科学院云南天文台研究员

国家杰出青年科学基金获得者

2019 年 10 月

推荐序

陈彦辉博士的这部教材是基于多年来观测、科普与科研的实践经验编写而成的，具有原创与继承相结合、科普与教学相结合及实测与理论相结合的3个特色。

作者在继承老教材精华的同时，结合自己对脉动白矮星的研究，在“脉动变星”一章中写出了新发现。

此外，教材中采用了大量科普实践资料，鲜活生动，体现了习近平总书记“把科学普及放在与科技创新同等重要的位置”，充分发挥教育在科学普及中的重要作用的指示精神，可为师范生增强科普活动组织能力奠定基础。

尤为突出的是，教材中融入了作者在云南天文台和楚雄师院亲手采集的大量天体摄影与实测资料，既能开阔师范生的理论视野，又能提高他们的实测能力。

作者显著的教学效果证实了这3个特色，使本书成为一本广大师范生学习天文学的好教材。

杨大卫

河北师范大学空间科学与天文学系教授

全国科学技术名词审定委员会天文学分委副主任

2019年10月

前言

本书为天文学入门级教材，旨在扩大天文学的科普宣传，普通高中毕业生均可读懂。书中有我用天文望远镜拍摄的大量天文图片，并加以初步分析，向大家传递大量的天文学基础知识以及分析问题的基本方法。

本书第 1 章借助天文望远镜所拍摄的天文图片重点介绍了不同种类天体的概况，并介绍了研究天体常用的天球坐标。第 2 章重点介绍了国际 88 个星座、我国的星空区划以及北半球四季星空的特点。第 3 章详细讲述了天体的亮度、视星等、绝对星等、距离、自行、演化等基本参量。第 4 章阐述了天文望远镜概况，重点介绍了楚雄师范学院 40 cm 科普望远镜以及常用的天文软件和网站。第 5 ~ 9 章分别介绍并分析了月球、行星、恒星（单星和双星）、星团、星云和星系以及米拉变星的照片。这些天体的照片和第 1 章中介绍的天体概况相互呼应。所拍摄的每张图片都配有基本的分析过程，形象生动地向读者传递了天文学基础知识和分析问题的基本方法。此望远镜可在教室内进行展示，每位同学都有机会用望远镜拍摄自己感兴趣的明亮天体。

我的母校河北师范大学开设的天文学选修课给了我良好的天文学启蒙。感谢中国科学院云南天文台对我的培养。来到楚雄师范学院工作后，开设天文学选修课程也列入了我的教学计划之中，以本书为教材，可向同学们传递丰富的天文学科普知识，这样，在不久的将来，楚雄师范学院培养的这些师范生就可以把天文学科普知识传递到广大中小学生中去。对天文学感兴趣的大众也可通过本书获得天文学的基础知识。

感谢楚雄师范学院学术骨干培养资助项目的大力支持，同时衷心感谢昆明晶华光学有限公司。我用楚雄师范学院学术骨干培养资助项目提供的经费从该公司购置了一台 40 cm 科普望远镜，此望远镜为我校师生送来了天文学的福音。

衷心感谢国家自然科学基金委员会（11803004、11563001）、云南省“万人计划”“青年拔尖人才”专项和云南省科学技术协会“青年人才托举工程”对本书出版的大力支持。衷心感谢中国科学院云南天文台李焱研究员、河北师范大学杨大卫教授及本书合著者舒虹老师提出的宝贵意见。

陈彦辉
2019 年 11 月

CONTENTS 目录

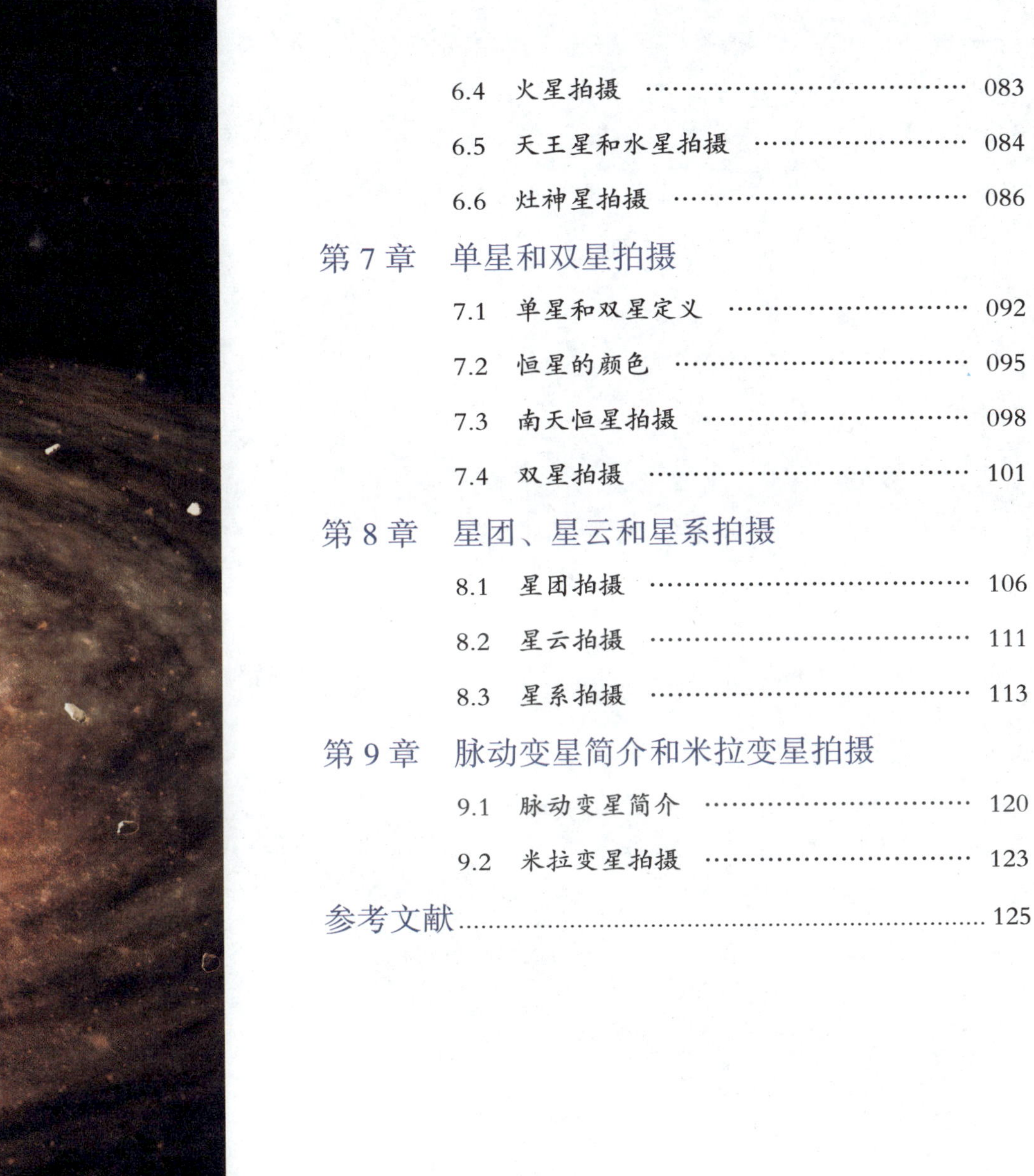

第1章
天体和天球坐标

1.1 天体概述

天文学是一门古老的学科，属于自然科学范畴。天文学的研究对象是天体。天体是指宇宙空间的物质存在形式，即宇宙空间各种星体的总称，如恒星、行星、卫星、星团、星云、星系等。

（1）恒星 恒星是天空中最常见的天体，是天体中的主体。一般而言，由引力凝聚在一起、自身会发光发热的球形天体称为恒星。太阳是离我们最近的一颗恒星，持续地为地球提供着光和热，提供人类生存的基本条件。图 1.1 为使用楚雄师范学院 40 cm 科普望远镜于 2017 年 4 月 14 日傍晚拍摄到的即将落山的太阳。太阳自身可以发光发热，十分明亮，因此，拍摄太阳需要使用专业的滤波片。图 1.1 拍摄于大雨过后伴有晚霞的天际，即将落山的太阳十分温和，肉眼可以直视。此条件不是很常见，遂用楚雄师范学院 40 cm 科普望远镜拍下此图片（白光即整个可见光波段、未加滤波片）。

图片显示太阳为红色球体。傍晚时分，阳光穿过大气层的路径比中午长得多，波长较短的蓝光散射效应显著（瑞利散射：散射光强度和入射光波长的 4 次方成反比），因此早晨和傍晚的太阳看起来颜色偏红。

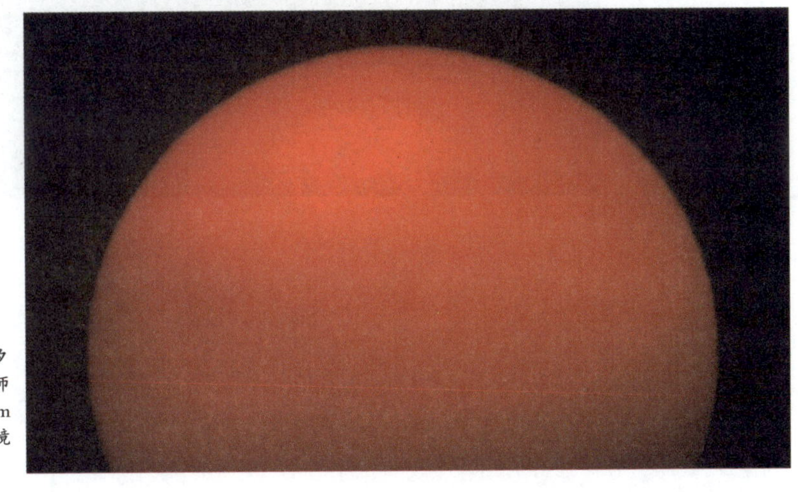

◎图1.1　夕阳（楚雄师范学院40 cm 科普望远镜拍摄）

（2）行星　行星是指自身不会发光（可见光）、绕恒星运行的天体。2006 年，国际天文学联合会（IAU）将冥王星降级为矮行星。此后，太阳系共有八大行星。按到太阳距离由近及远排序，依次为水星、金星、地球、火星、木星、土星、天王星和海王星。图 1.2 展示了使用楚雄师范学院 40 cm 科普望远镜拍摄的金星图片。金星是

天空中除了太阳和月亮以外最亮的自然天体。金星绕太阳公转轨道处在地球绕太阳公转轨道的内部，因此从地球上可以拍到类似月相一样的金星位相。图 1.2 显示的金星位相，为类似月牙一样的“金牙”。拍摄金星位相时需要将与望远镜相连接的照相机的感光灵敏度和曝光时间协调匹配使用，将感光灵敏度和曝光时间调低至合适值，才能拍出图 1.2 显示的金星位相，否则金星会被拍成一个小亮球。

图1.2 金星（楚雄师范学院40 cm科普望远镜拍摄）

（3）卫星 卫星是指自身不会发光（可见光）、绕行星运行的天体。月球是地球唯一的天然卫星，也是距离地球最近的天体。人造地球卫星也可称为卫星，但其属于人造天体，非自然天体。图 1.3 为 2017 年 1 月 1 日傍晚（农历腊月初四）拍摄的蛾眉月图片。和图 1.1 展示的太阳图片对比发现，太阳和月球的视大小几乎相当，这是因为太阳直径除以月球直径和日地距离除以月地距离大体相当造成的。图 1.3 可以清晰地分辨出月海——危海（Mare Crisium）（图片下部较大的一块低洼的平原）。1976 年，苏联月球探测器曾经从危海取回月壤。2004 年以来，我国嫦娥探月工程突飞猛进，载人登月指日可待。

图1.3 蛾眉月（楚雄师范学院40 cm科普望远镜拍摄）

（4）星团 星团是指由成团的恒星组成相互之间存在物理联系（引力作用）的恒星群。图 1.4 和图 1.5 分别是使用楚雄师范学院 40 cm 科普望远镜和 14 cm 宝葫芦望远镜拍摄的昴星团。昴星团是北半球较亮较有名的几个星团之一，位于金牛座。梅西叶表（星云星团表）编号为 M45。在城市背景光很弱的情况下，视力很好的观察者用肉眼可以分辨出六七颗亮星（晴朗的夜空），因此该星团又称为七姊妹星团。实际上，该星团至少包含上千颗恒星。

图 1.4 勉强将昴宿一、昴宿二、昴宿四、昴宿五和昴宿六拍进视场；昴宿三和昴宿七没有被拍进视场。从图 1.1 和图 1.3 可以看出，我们使用的 40 cm 科普望远镜的视场为太阳和满月的视大小（横向比太阳和满月视大小稍大一点，纵向比太阳和满月视大小稍小一点）。由此可见，昴星团的视大小要比太阳和满月的视大小还要大。楚雄师范学院 40 cm 科普望远镜视场太小，拍摄昴星团时没办法同时拍下七姊妹星，14 cm 宝葫芦望远镜视场较大，拍摄的昴星团如图 1.5 所示。望远镜的口径越大，可以接收来自遥远天体的平行光越多，可以拍到相对清晰的图像。所以和图 1.5 相比，图 1.4 拍摄的

天体更清晰。14 cm 宝葫芦望远镜的视场非常大，为了更清楚地显示拍摄的七姊妹星，图 1.5 裁切掉了大部分周围没有天体的黑暗区域。昴宿三（图 1.5 勉强分辨，图 1.4 没有拍到）和昴宿七被拍进视场，七姊妹星齐聚一堂。14 cm 宝葫芦望远镜只配有目镜，没有拍摄接口。此图片为楚雄师范学院物理与电子科学学院爱好天文学的学生用手机对准目镜端拍摄而成，虽然不如网络上使用高端望远镜拍摄的昴星团美丽多彩，但是这张由我校学生创造条件拍摄而成的天体图片也很有价值，弥足珍贵。

○ 图1.4　昴星团（M45）（楚雄师范学院40 cm科普望远镜拍摄）

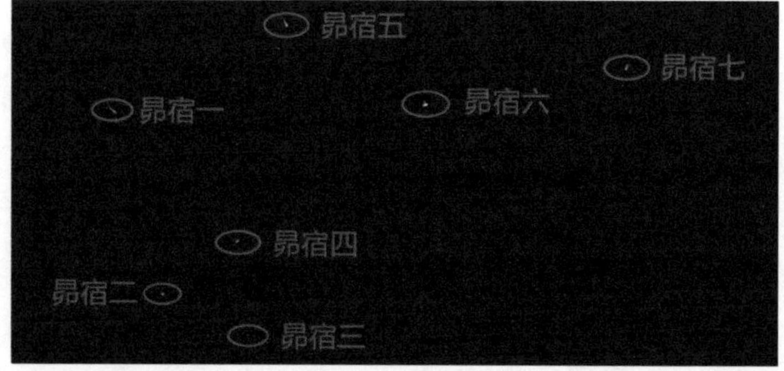

○ 图1.5　昴星团（M45）（楚雄师范学院14 cm宝葫芦望远镜拍摄）

（5）**星云**　星云是指银河系内由气体和尘埃组成的、密度很小的云雾状天体。星云的密度介于星际物质和原始恒星之间，一般为每立方厘米几十个至几千个原子或离子。此密度已经具有一定的形体，可以激发生光或者反射星光，从而被人们观察到[1]。

图 1.6 为使用 40 cm 科普望远镜拍摄的猎户座大星云（梅西叶表编号为 M42）。从外观上看，猎户座大星云像一只展翅飞翔的大鸟。由于使用的 40 cm 科普望远镜没有自动跟踪系统，曝光时间不能超过 1 秒。如果曝光时间超过 1 秒，在拍摄的天体图片中就会出现由于地球自转而产生的明显的天体滑移现象。即使是短时间曝光，图 1.6 也展示了清晰的颜色变化。图片中央的绿色区域是恒星形成区。大鸟头顶的那个亮点实际上是由多颗恒星组成的，它们被认作刚形成不久的年轻恒星。

○ 图1.6　猎户座大星云（M42）（楚雄师范学院40 cm科普望远镜拍摄）

（6）**星系**　星系包含大量恒星（星团和星云）以及各种类型的

星际气体和尘埃，是构成可观测宇宙的基本成员。太阳处在银河系中，银河系包含上千亿颗恒星。图 1.7 为地球上看到的银河系，图来自中国科学院云南天文台丽江观测站。银河看起来像一条白茫茫的光带。该图片右半边的中间部分，有两颗亮星被银河间隔开，它们就是牛郎星（天鹰座）和织女星（天琴座）。在我国，牛郎织女在农历七月初七鹊桥相会的神话故事家喻户晓。由于地球所在的太阳系处在银河系当中，因此我们看到的银河系像一条带状河流。如果我们跳出银河系俯瞰，银河系是一个有着旋臂结构的棒旋星系，中心是银河系核球，太阳系则处在一条旋臂结构中。

银河系以外有数不清的类似银河系的星系系统，称为河外星系。20 世纪 20 年代以前，当时的科技水平没办法准确测量河外星系到地球的距离。很多河外星系曾被误认作银河系以内的星云（例如，仙女座大星云）。随着科学技术的不断进步，利用造父变星的周光关系测量出的仙女座大星云（M31）到地球的距离约为 250 万光年，远大于银河系的尺度（10 万光年数量级）。显然，M31 为银河系以外的河外星系。鉴于上述历史，今天仍然有人将某些河外星系称之为某某“星云”。

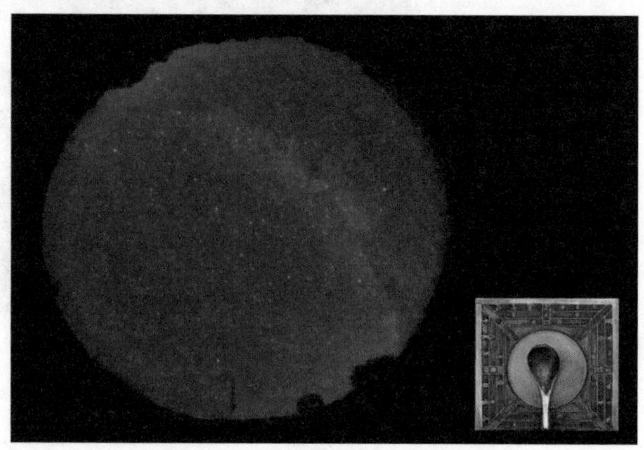

图1.7　从地球上观看银河系（中国科学院云南天文台丽江观测站全天相机拍摄）

邻近天体在万有引力的作用下会组成互有联系的系统，即天体系统。我们熟知的天体系统有地月系、太阳系、银河系。银河系以外还有河外星系。

1.2 天球坐标

我们研究质点时，为了描述质点的位置和运动，首先要选择合适的坐标系。以二维平面内的质点为例，为了方便研究，我们通常选取二维直角坐标系。图 1.8 为建立的二维直角坐标系和二维任意角坐标系。欲描述 A 点在二维直角坐标系 xOy 中的位置，只需做出 A 点在 x 轴和 y 轴上面的垂直投影即可。根据勾股定理，可以很方便地计算出 A 点到原点的距离。如果采用 x 轴和 y 轴不成直角关系（直角以外的任意角）的 xOy' 坐标系来描述 A 点的位置，只需通过 A 点做出平行于 x 轴和 y' 轴的虚线，取这两条虚线和 x 轴和 y' 轴的交点即可。但是，如果想计算

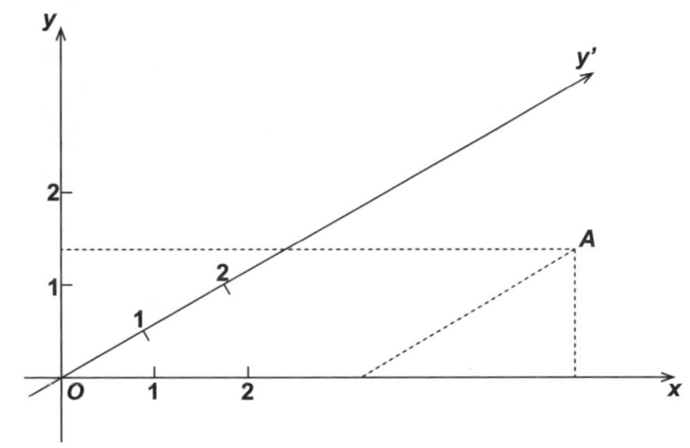

◎图1.8　二维直角坐标系与二维任意角度坐标系

A 点到原点的距离，就需要利用三角函数关系（显然要比勾股定理复杂）。综上所述，选取一个合适的坐标系对描述问题至关重要。

天体的特点是距离地球十分遥远，甚至无法确定天体到地球的距离。直角坐标系显然不适用于描述天体。从视觉上看，所有天体到地球的距离似乎都是相等的。因此，我们不妨定义一个天球来研究天体的视位置和视运动：以观测者（地心、日心）为球心、以任意长为半径的假想球面，称为天球。天球半径的长度是任意的，无论天体到地球距离如何遥远，总能在天球上找到它的投影。除太阳以外的恒星到地球的距离至少有几光年，远远大于地球的半径，因此以观测者为中心的天球和以地心为中心的天球是一致的。本节重点介绍地平坐标系、第一赤道坐标系和第二赤道坐标系。研究太阳系内天体的视位置和视运动时常用到黄道坐标系。研究星系天文学以及恒星动力学时时常会用到银道坐标系。本教材的重点在于从拍摄图片的角度入手初步认识主要天体。黄道坐标系和银道坐标系不做介绍。

（1）天球上的基本圈和基本点 图 1.9 至图 1.12 选自余明老师主编的《简明天文学教程》[1]。观测者站在地球上，将垂直于地平面的观测者轴线无限延伸、沿头顶方向与天球相交的点称为天顶（Z）；沿脚底方向与天球相交的点称为天底（Z'），如图 1.9 所示。地球自转轴无

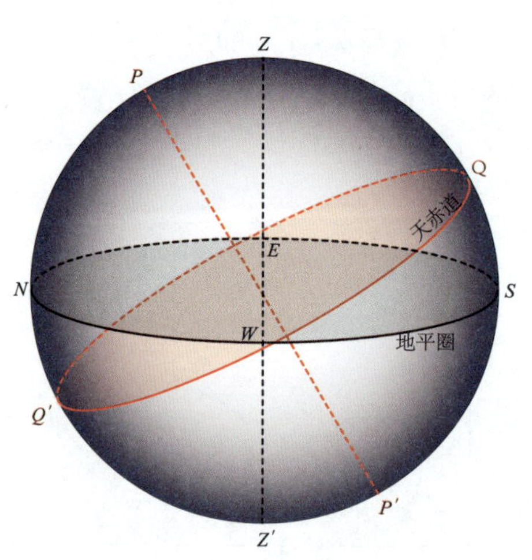

图1.9 天球上的基本圈和基本点[1]

限延伸变成天轴，天轴与天球相交于两点，称为天极。北向的称为北天极（P），南向的称为南天极（P'）。通过观测者（和天体距离相比，地球半径可以忽略，也可认为是通过地心）做垂直于 ZZ' 的平面，无限延伸该平面与天球相割而成的圆称为地平圈。地球赤道平面无限扩展延伸与天球相割而成的圆称为天赤道。通过 $ZPZ'P'$ 的大圆与地平圈相交于两点，该两点靠近北天极的点称为北点（N），靠近南天极的点称为南点（S）。在地平圈上，从上往下看，自北点逆时针旋转 90° 的那一点称为西点（W），顺时针旋转 90° 的那一点称为东点（E）。通过 $ZPZ'P'$ 的大圆与天赤道相交于两点，该两点靠近天顶的点称为上点（Q），靠近天底的点称为下点（Q'）。

（2）地平坐标系 假设任意一天体投影到天球上为点 M，如图 1.10 所示。过 ZMZ' 做半圆与地平圈相交于 M' 点。以地心为中心，M' 相对于南点 S 所张的角就是方位角 A，M 点相对于 M' 点所张的角即为高度角（h）。由方位角（A）和高度角（h）可建立地平坐标系。地平圈上，从南点开始顺时针（从上往下看）算起，依次西点的方位角为 90°，北点的方位角为 180°，东点的方位角为 270°。地平圈以上的天体的高度角为正值，地平圈以下的天体的高度角为负值。天顶 Z 的高度角为 90°，天底 Z' 的高度角为 –90°。天体的高度角太小时，天体接近地平圈，城市背景光很强，天

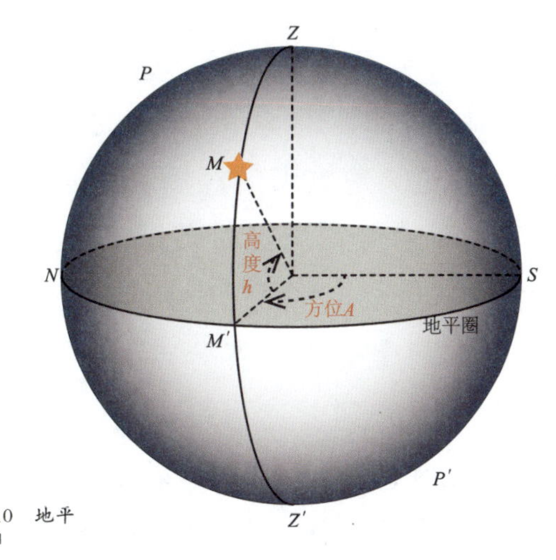

◎ 图1.10 地平坐标系[1]

体的光穿过的大气层很厚，不适合观测。楚雄师范学院的40 cm科普望远镜放在花果山校区的四楼，借助于四楼和五楼之间的间隙进行观测。受条件限制，该望远镜没办法观测高度角超过70°的天体（被楼顶遮挡）。地平坐标有地方性和时间性，适合描述天体的周日视运动。

（3）时角坐标系 假设任意一天体投影到天球上为点M，如图1.11所示。过PMP'做半圆与天赤道相交于M'点。以地心为中心，M'相对于上点Q所张的角就是时角（t），M点相对于M'点所张的角即为赤纬（δ）。由时角（t）和赤纬（δ）可建立时角坐标系。时角坐标系也叫作第一赤道坐标系。天赤道将天球分成两个半球，天赤道以上赤纬为0°～90°，天赤道以下赤纬取0°～−90°。

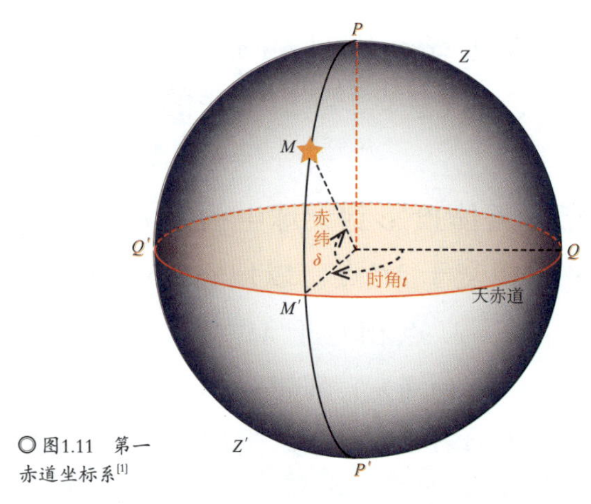

图1.11 第一赤道坐标系[1]

（4）赤道坐标系 对于地球上的某位置，我们用经度和纬度来描述。例如，北京市中心的经度为东经116°附近，纬度为北纬40°附近。楚雄市的经度为东经102°附近，纬度为北纬24°附近。0°经线的位置为经过英国皇家格林尼治天文台的一条经线。地球绕太阳公转轨道平面无限延伸与天球相交的大圆称为黄道。黄道与天赤道有两个交点：春分点和秋分点。在北半球，太阳在黄道上过春分点后便升到天赤道平面之上（太阳开始直射北半球），即春分点为升交点，秋分点为降交点。天体在天赤道上的投影相对于春分点的张角为赤经（α），天体的纬度即赤纬（δ），如图1.12所示。由赤经（α）和赤纬（δ）可建立赤道坐标系，也叫作第二赤道坐标系。赤道坐标系在天文观测中应用十分广泛。不难看出，赤经的量度方向与方位角和时角的量度方向相反。和地理经度取东西经不同，天体的赤经取值范围是0° ~ 360° ，也用0 ~ 24小时（h）来表示（15° = 1 h）。1° 等于60角分，1角分等于60角秒，即1° = 60′，1′ = 60″。1小时等于60分，1分等于60秒，即1 h = 60 m，1 m = 60 s。1 m = 15′，1 s = 15″。和地理纬度一致，天赤道以上赤纬取0° ~ 90° ，天赤道以下赤纬取0° ~ −90° 。

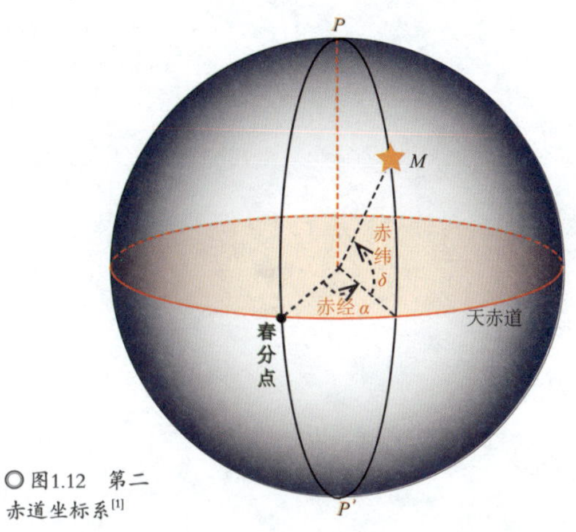

◎图1.12　第二赤道坐标系[1]

建立了坐标系就会很方便地描述天体的位置。就像为了方便认识地球，人们仿造地球的形状发明了地球仪一样，为了更方便地认识天体在天球上的位置，人们也发明了天球仪（显然天球仪的半径为有限长）。在天球仪上可以很方便地读出某天体的赤经和赤纬。如果已知某天体的赤道坐标，也可以很方便地在天球仪上找到该天体的位置。构建合理的坐标系对我们认识新的事物至关重要。

第2章 星空区划和四季星空

2.1　国际星空区划——88 个星座

人们在研究地球时把地球进行区域划分，分成七大洲（亚洲、非洲、欧洲、北美洲、南美洲、大洋洲、南极洲）和四大洋（太平洋、印度洋、大西洋、北冰洋）。研究天球时也将天球进行区域划分和命名。人们将投影到天球上位置接近的恒星用想象的线条连接起来构成各种各样的图案，这些图案连同它们所在的天空区域一起被称为星座。早在 2 世纪，古希腊天文学家就已经大体确定了北天星座（雏形），赋予星座丰富的神话故事。1922 年，国际天文学联合会规范统一了星座命名，规定全天共有 88 个星座，其中北天 29 个、黄道附近 12 个、南天 47 个。参照《英汉天文学名词》[2] 将全天 88 个星座的中文名称和英文缩写列在表 2.1 中。星座中既有动物和神话人物的名字，也有仪器和用具的名字。星座不仅代表构成星座的恒星，也特指星座所在的天空区域。星座内恒星的命名一般采用希腊字母加星座名的英文缩写。一般而言，希腊字母的顺序和星座内恒星的亮度相对应（但是也有不对应的情况）。另外，按照赤经从小到大排序，星座内的恒星也用数字加星座名的英文缩写来命名（这样可以有效地避免希腊字母被用光的情况）。例如，全天除了太阳最亮的恒星天狼星可以称作 alpha CMa 和 9 CMa。

表 2.1　全天 88 个星座列表

北天星座					
中文名	英文缩写	亮星	中文名	英文缩写	亮星
小熊座	UMi	勾陈一	天龙座	Dra	天棓四
仙王座	Cep	天钩五	仙后座	Cas	王良四
鹿豹座	Cam		大熊座	UMa	玉衡
猎犬座	CVn	常陈一	牧夫座	Boo	大角
北冕座	CrB	贯索四	武仙座	Her	河中（天市右垣一）
天琴座	Lyr	织女一	天鹅座	Cyg	天津四
蝎虎座	Lac	螣蛇一	仙女座	And	壁宿二、奎宿九
英仙座	Per	天船三	御夫座	Aur	五车二
天猫座	Lyn		小狮座	LMi	

续表

中文名	英文缩写	亮星	中文名	英文缩写	亮星
后发座	Com	周鼎一	巨蛇座	Ser	蜀（天市右垣七）
盾牌座	Sct		天鹰座	Aql	河鼓二
天箭座	Sge	左旗五	狐狸座	Vul	
海豚座	Del	瓠瓜一	小马座	Equ	虚宿二
三角座	Tri	天大将军九	飞马座	Peg	危宿三
蛇夫座	Oph	候			
黄道带星座					
中文名	英文缩写	亮星	中文名	英文缩写	亮星
双鱼座	Psc	右更二	白羊座	Ari	娄宿三
金牛座	Tau	毕宿五	双子座	Gem	北河三
巨蟹座	Cnc	鬼宿四	狮子座	Leo	轩辕十四
室女座	Vir	角宿一	天秤座	Lib	氐宿四
天蝎座	Sco	心宿二	人马座	Sgr	箕宿三
摩羯座	Cap	垒壁阵四	宝瓶座	Aqr	虚宿一
南天星座					
中文名	英文缩写	亮星	中文名	英文缩写	亮星
鲸鱼座	Cet	土司空	波江座	Eri	水委一
猎户座	Ori	参宿七	麒麟座	Mon	阙丘增七
小犬座	CMi	南河三	长蛇座	Hya	星宿一

中文名	英文缩写	亮星	中文名	英文缩写	亮星
六分仪座	Sex		巨爵座	Crt	翼宿一
乌鸦座	Crv	天津九	豺狼座	Lup	
南冕座	CrA	鳖五、鳖六	显微镜座	Mic	
天坛座	Ara	杵三	望远镜座	Tel	鳖一
印第安座	Ind	波斯二	天燕座	Aps	异雀八
凤凰座	Phe	火鸟六	时钟座	Hor	
绘架座	Pic		船帆座	Vel	天社一
南十字座	Cru	十字架二	圆规座	Cir	
南三角座	TrA	三角形三	孔雀座	Pav	孔雀十一
南鱼座	PsA	北落师门	玉夫座	Scl	
天炉座	For		雕具座	Cae	
天兔座	Lep	厕一	天鸽座	Col	丈人一
大犬座	CMa	天狼	船尾座	PuP	弧矢增二十二
罗盘座	Pyx		唧筒座	Ant	
半人马座	Cen	南门二	矩尺座	Nor	
杜鹃座	Tuc		网罟座	Ret	
剑鱼座	Dor		飞鱼座	Vol	飞鱼三
船底座	Car	老人	苍蝇座	Mus	蜜蜂三
南极座	Oct		水蛇座	Hyi	
山案座	Men		蝘蜓座	Cha	小斗三
天鹤座	Gru	鹤一			

和西方星座相对应的是星官。天狼星就是中国的星官名。中国古代星空区划在方法上自成一体，同样历史悠久。星官也是把邻近的恒星组合在一起，构成各种图案，同时也指所在的天区。参考北京天文馆权威打造的《中国的星空》[3]，在表 2.1 中也列出了大部分星座中亮星的星官名。主要的大星官为三垣（紫微垣、太微垣和天市垣）和二十八宿，如图 2.1[3] 所示，大星官又包含若干小星官。二十八宿以七宿为一组，分为 4 组，分别与 4 个地平方位、4 种颜色以及 4 种动物匹配。这 4 种动物称为四象：东方苍龙，北方玄武，西方白虎，南方朱雀。《中国的星空》中展示的四象瓦当图见图 2.2[3]。1978 年，中国湖北省随县出土了战国早期的曾侯乙墓，出土的箱盖上面绘有四象（陈列在湖北省博物馆中）图案。

图2.1　三垣和二十八宿

图 2.2[3]　四象瓦当图

有了星空区划和星座内恒星的命名还不够，人们还需要绘制一份天体档案，即星表，用来记载天体的位置、亮度、光谱类型等基本参量。我国战国时代的《石氏星经》记载了121颗亮星的简况（原著已失传，唐《开元占经》中有节录），是世界上最古老的星表。欧洲航天局1989年成功发射了依巴谷天文卫星，测定了约12万颗恒星，获得了依巴谷星表（HIP或者HP）。天狼星在依巴谷星表中的编号是HIP 32349。为了满足专业需要，天文学家还编制了同一类或者同一特性天体的星表，例如，星云星团表。1784年，法国天文学家梅西叶编制了记有110个“星云星团”的梅西叶表，用M表示，如M31即仙女座大星云（第1章已经介绍，实为河外星系）。

2.2 北半球四季星空

地球围绕太阳公转的同时也在自转。地球自转轴和其绕太阳公转轨道的平面不是垂直关系，这样，地球公转过程中就出现了春、夏、秋、冬4个季节。地球面对太阳的一面是白天，背对着太阳的一面是夜晚。一年四季，地球面对的天区不同，能够看见的星空也就不同了。如图2.3所示，地球公转至春分时，处在春分点的太阳直射地球赤道，而春分点又是第二赤道坐标系的赤经起点。所以春分时节，太阳的赤经是0 h，处在地球上的人自然看到的是天球的另一侧，即12 h附近的天区。处在12 h附近的天区较明显的星座为大熊座和小

熊座等。夏至时，处在 6 h 的太阳直射北回归线。人们看到的是处在 18 h 附近的天区。处在 18 h 附近较明显的星座为天鹰座和天琴座等。于是就有人编写了这样一首打油诗来描述四季星空：春夜大熊追小熊，夏夜牛郎会织女，秋夜仙女拜仙后，冬夜猎户斗金牛。

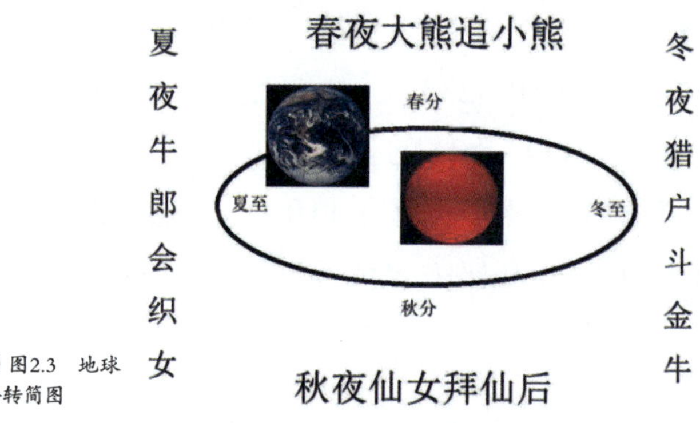

〇 图2.3 地球公转简图

〇 图2.4 春季星空（2018年3月10日23:00）

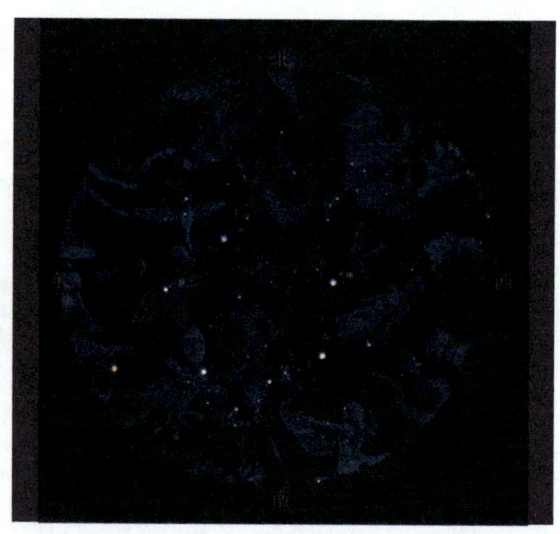

〇 图2.5 夏季星空（2018年6月10日23:00）

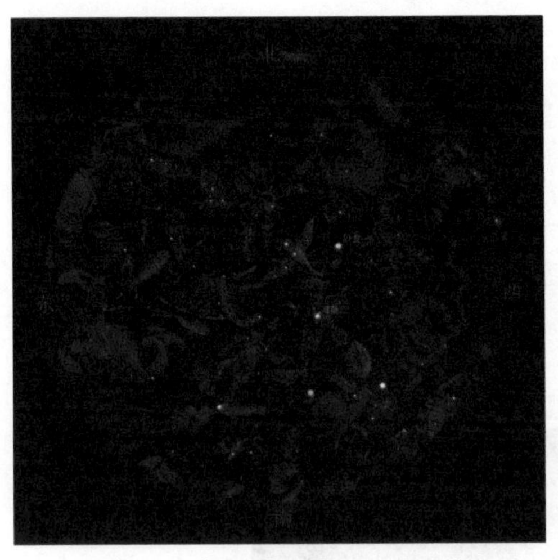

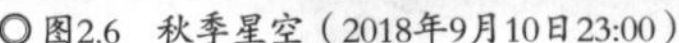
◎图2.6　秋季星空（2018年9月10日23:00）

◎图2.7　冬季星空（2018年12月10日23:00）

图 2.4 至图 2.7 分别展示了来自观星软件 Stellarium 截图的四季星空。该软件设置的模拟观星地理坐标为东经 102° 和北纬 24°（楚雄市地理坐标）。从图 2.4 可以看出，春季星空中北斗七星和北极星都很明显（春夜大熊追小熊）。另外，狮子座的五帝座一、牧夫座的大角以及室女座的角宿一连起来成三角形，称为春季大三角。图 2.5 展示的夏季星空中牛郎星和织女星非常明显（夏夜牛郎会织女）。天鹰座的牛郎星（河鼓二）、天琴座的织女星和天鹅座的天津四构成夏季大三角。图 2.6 展示的秋季星空中明显的星座是仙女座和仙后座（秋夜仙女拜仙后），图 2.7 展示的冬季星空中明显的星座是猎户座和金牛座（冬夜猎户斗金牛）。一年 12 个月，地球绕太阳公转 1 周。一天 24 小时，地球自转 1 周。地球公转 1 周后和自转 1 周后都对应着看到了原来的天区。所以，日期向后推一个月和傍晚观测时间向前推 2 个小时看到的是同样的天区。例如，2018 年 3 月 10 日晚 23 时和 4 月 10 日 21: 00 在楚雄市看到的天空都是图 2.4 所展示的春季星空。

图 2.8 展示的是中国科学院云南天文台丽江观测站全天相机拍摄的秋季星空（截取了 2015 年 11 月 6 日 19:30 的图片）。不考虑 2015 年和 2018 年的差别，11 月 6 日比 9 月 10 日几乎晚了两个月，19:30 比 23:00 早了 3 小时 30 分钟（接近 4 个小时），因此，图 2.6 展示的模拟星图和图 2.8 展示的拍摄星图基本一致，牛郎星和织女星都处在天区的中部偏右处。

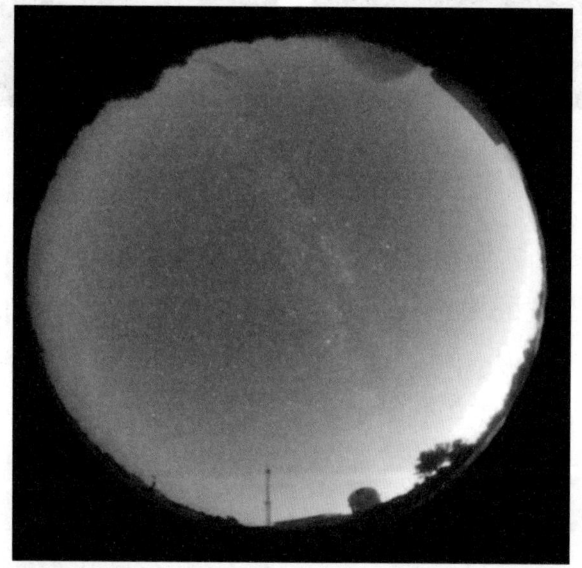

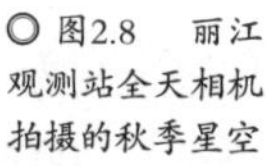

○ 图2.8　丽江观测站全天相机拍摄的秋季星空

针对不同时期的星空，人们发明了旋转星图，也称为活动星图，如图 2.9 所示。它可以显示指定日期和时刻所见的星空。用旋转星图来理解上述换算关系会一目了然。图 2.9 给出的是 12 月 10 日 23:00，1 月 10 日 21:00，2 月 10 日 19:00 等时刻的模拟星空。图 2.9 和图 2.7 展示的是一致的星图，猎户座都处在中左下部，参宿四、南河三和天狼星呈三角形。

旋转星图
www.jimufu.com
0时
1时
2时
3时
4时
5时
6时
7时
17时
18时
19时
20时
21时
22时
23时
地平线
地平线
南面

○ 图2.9　旋转星图

第3章 天体的基本参量

3.1 天体的亮度、视星等和绝对星等

恒星是天体中的主体，我们以恒星为例来介绍天体的亮度、视星等和绝对星等。人们首先感知的恒星的物理参数就是其亮度，即恒星的明亮程度。全天肉眼可见的恒星约 6000 颗，明暗程度不等。

公元前 2 世纪，古希腊天文学家喜帕恰斯（Hipparchus）将全天除了太阳最亮的 20 颗恒星定义为 1 等星，将肉眼刚好能够看到的恒星定义为 6 等星。中间依据恒星亮度的依次减弱还有 2、3、4、5 等星。

有了望远镜和照相技术后，可以看到更暗的天体。使用光度计可以将恒星亮度进行量化，发现在可见光波段前人定义的 1 等星的平均亮度约为 6 等星平均亮度的 100 倍。将 100 开 5 次根号为：

$$\sqrt[5]{100} = 2.512 \tag{3.1}$$

也就是说，星等差 1 等，恒星亮度差 2.512 倍。这样，继承和发扬了古人的定义方法，将恒星亮度的星等值从正整数 1 ~ 6 扩展到有理数集。上述天体的亮度均为肉眼或者观测设备看到的天体亮度，称为视星等，有时简称为星等。太阳的视星等约为 –26.74 等，地球处在近日点时太阳视星等值在百分位会变小，地球处在远日点时太阳视星等值在百分位会变大。行星和卫星虽然本身不发光，但是反射光也有视亮度。满月的视星等约为 –12.40 等（随日地距离和地月距离不同会有变化），金星较亮时可达 –4.50 等（随着日、地、金位置关系不同会有变化）。全天除了太阳最亮的恒星天狼星视星等为 –1.45 等。正常视力的人能够看到 6 等星。晴朗的夜晚，望远镜能够观测到天顶附近最暗弱恒星的星等称为望远镜的极限星等。中国科学院云南天文台丽江观测站 2.4 m 光学望远镜的极限星等可达 23 等[4]。

设星等为 m 的恒星辐射亮度为 E，星等为 m_0 的恒星亮度为 E_0，则有亮度比：

$$\frac{E_0}{E} = 2.512^{(m-m_0)} \tag{3.2}$$

两边取对数并化简得：

$$2.5(\lg E_0 - \lg E) = m - m_0 \tag{3.3}$$

假如取 $m_0 = 0$ 等星的亮度为标准值 $E_0 = 1$，则可以计算得出：

$$m = -2.5\lg E \tag{3.4}$$

该公式称为普森公式。即只要定义一个比较星的亮度和视星等值，就可以计算已知亮度天体（观测获得）的视星等。

恒星为一个球体，所发出的光呈球面向空间辐射。恒星的视星等由两个因素决定，一个因素是恒星本身的亮度，另一个因素是恒星到地球的距离。由于恒星呈球面辐射，球的表面积公式为 $4\pi r^2$，即恒星的视星等和恒星本身的亮度成正比，和恒星到地球距离的平方成反比。设某恒星到地球距离为 d_1 时亮度为 E_1、到地球距离为 d_2 时亮度为 E_2，则有：

$$\frac{E_1}{E_2}=\frac{d_2^2}{d_1^2} \tag{3.5}$$

那么，如何比较两颗恒星本身的亮度呢？需要将两颗恒星移动到与地球距离相同的位置上进行比较。把恒星放在距离地球 10 秒差距（pc）（32.6 光年）的地方测得的恒星视星等称之为绝对星等（M）。由于所有恒星的绝对星等都是把它们放在距离地球 10 pc 处的视星等，因此绝对星等值可以反映恒星本身的亮度。由公式（3.2）和公式（3.5）可得：

$$2.512^{(m-M)}=\frac{d^2}{10^2} \tag{3.6}$$

两边取对数可得：

$$m-M=5\lg d-5 \tag{3.7}$$

已知太阳的视星等为 –26.74，太阳到地球的距离为 1.496 亿千米，即（1/206265）pc，根据公式（3.7）可以计算出太阳的绝对星等为 4.83 等。已知天狼星的视星等为 –1.45 等，天狼星到地球的距离为 8.6 光年，即（8.6/3.26）pc，根据公式（3.7）可以计算出天狼星的绝对星等为 1.44 等。

3.2 地球、月球、太阳基本参量的测定

（1）地球大小的测定　公元前 200 年左右，希腊天文学家埃拉托色尼将天文学和测地学结合起来，测量了夏至日当天同一经线处的两地的太阳光线和垂线的夹角。一地为北回归线上（今阿斯旺城）一处闻名的深井。夏至日这天太阳在正头顶，阳光直射入深井。另一地距离此地约为 800 km，测得阳光和垂直方向夹角约为 7.2°。此夹角即为同一经线上的二地点的纬度差。7.2° 角对应的弧长为 800 km，360° 角对应的地球周长即为 40000 km。有了圆周率后，40000 km 除以 2π 即获得地球半径（$R_\oplus$）约为 6369 km，和如今测得的地球半径平均值 6371 km 十分接近。

（2）地球质量的测定　1798 年，英国物理学家利用扭秤测量了万有引力常数 G。数值计算时，G 一般取 $6.67\times10^{-11}\ \mathrm{N\cdot m^2/kg^2}$。设地球质量为$M_\oplus$，质量集中在质心，半径为$R_\oplus$，地表附近有一质量为 m 的物体。根据万有引力定律有：

$$\frac{GM_\oplus m}{R_\oplus^2}=mg \tag{3.8}$$

则地球质量可由：

$$M_\oplus=\frac{R_\oplus^2 g}{G} \tag{3.9}$$

测得。计算获得地球质量为 5.964×10^{24} kg。

（3）月地距离的测定　图 3.1[1] 展示了天体地平视差图，ρ_0 为地球半径对天体所张的角度。利用该张角和地球半径值以及三角函数公式，就可以计算天体到地球的距离。18 世纪，法国天文学家拉卡伊和拉朗德选定了几乎在同一经线处的柏林和好望角测定两地月球的天顶距，并已知两地纬度归算出月球地平视差为 57′02″，据此和地球半径估算地月距离为 384036 km。地月平均距离的现代值为 384 403.9 km。2018 年 1 月 22 日晚，中国科学院云南天文台国内首次实现月球激光测距，实测反射器到观测站距离为 385823.433 ~ 387119.600 km（测量时间为 21: 25 ~ 22: 31），测距精度优于 1 m。

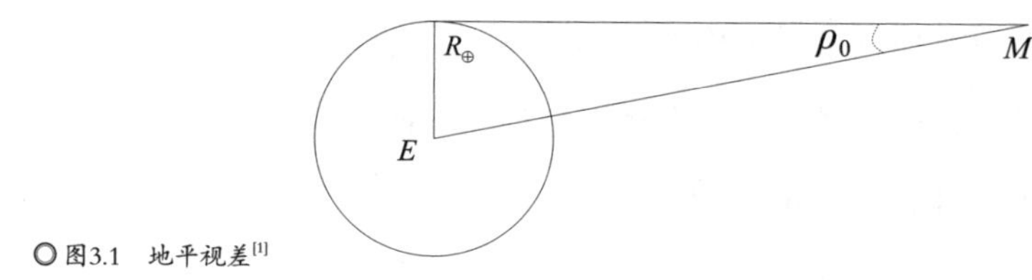

图3.1　地平视差[1]

（4）月球大小的测定　在地球上看，月球半径的张角为 15′32″.6，再根据地月距离 384403.9 km，很容易利用三角函数计算出月球半径为 1737.9 km。

（5）日地距离与太阳质量的测定　太阳到地球的距离比月球到地球的距离远得多，因此太阳的地平视差比月球小得多，为 8″.794148。据此计算获得日地距离为 1.494 亿千米。天文学中将日地平均距离定义为 1 个天文单位（AU），数值一般取 1.496 亿千米。有了日地距离、地球绕太阳公转轨道周期、万有引力常数，根据万有引力公式，可以很方便地计算出太阳质量 ($M_\odot$) 为 1.99×10^{30} kg，太阳质量的公认值为 1.9891×10^{30} kg。我们描述天体的质量时往往以太阳质量为单位。

（6）太阳大小的测定 在地球上看，太阳半径的张角为15′59″.65，略大于月球张角。根据地日距离和三角函数关系，很方便测得太阳半径为 6.96×10^8 m，太阳半径（$R_\odot$）的精确值为 6.9598×10^8 m。太阳半径约为地球半径的 109 倍，太阳的直径上可以摆放 109 个地球。

（7）太阳光度与有效温度的测定 在地球大气层以外，垂直于入射光方向，每秒钟每平方米接收的太阳辐射能量（S）为 1367 J/（m^2s）。太阳的光度（$L_\odot$），即太阳单位时间内平均辐射的总能量为：

$$L_\odot = 4\pi r^2 S \tag{3.10}$$

日地距离（r）取 1.496 亿千米，计算获得太阳光度为 3.845×10^{26} J/s。我们描述天体的光度时往往以太阳光度为单位。根据斯特藩 – 玻尔兹曼定律，

$$L_\odot = 4\pi R_\odot^2 \sigma T_{\mathrm{eff}}^4 \tag{3.11}$$

斯特藩 – 玻尔兹曼常数 σ 取值为 5.67051×10^{-8} J/（s · m^2 · K^4）。根据公式（3.11），可以计算出太阳表面的有效温度约为 5777 K。

3.3 遥远天体距离的测定

（1）三角视差测距 三角视差法是用来测量较近恒星距离的方法。首先把地球轨道看成近圆形。由于恒星位置分布是随机的，如图 3.2[1] 所示。做恒星和太阳连线，在地球公转一年中能找到两次日

地连线与目标恒星和太阳连线垂直的情况，此时地球轨道半径对恒星张角 π 成最大值，此角就是恒星周年视差。由于恒星周年视差 π 都小于 1″（角秒）。因此可认为此时目标恒星到地球和到太阳的距离相等，1 秒差距（pc）就是恒星周年视差是 1 角秒时对应的恒星到地球的距离。1 pc（秒差距）=3.26 ly（光年）=206265 AU（天文单位）。表示恒星距离时一般使用光年和秒差距为单位。只有与更远的恒星相比时，较近的恒星才能显示出周年视差。以秒差距为单位的恒星到地球的距离和以角秒为单位的恒星视差呈倒数关系。南门二（比邻星）的周年视差约为 0″.76，它到地球的距离约为 1/0.76=1.32 pc，即 4.30 ly。天鹅座 61 的周年视差约为 0″.30，它到地球的距离约为 1/0.30=3.33 pc，即 10.86 ly。

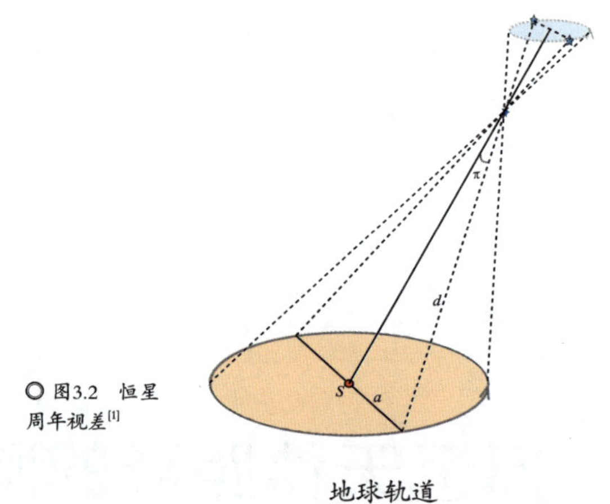

图3.2 恒星周年视差[1]

（2）分光视差测距 光谱是发光强度和波长的函数。20 世纪初，美国哈佛大学天文台根据恒星谱线相对强度和形状建立了恒星光谱序列分类法。将恒星光谱分为 O、B、A、F、G、K、M 这 7 个光谱型，各光谱型又分为 10 个次型，用数字 0 ~ 9 表示。图 3.3[5] 是恒星的典型光谱型图。横坐标是以纳米为单位的波长，纵坐标是归一化的通量常数。从图中可以看出，各种类型的恒星光谱差异明显。图 3.4 来自李焱老师编著的《恒星结构演化引论》[6]，展示了大量近邻恒星在赫罗图中的位置。横坐标为恒星的有效温度或者光谱型（二者有对应关系），纵坐标为绝对星等或者光度（二者有对应关系）。大量恒星分布在左上角到右下角的一条带上面，该带称为主序带，主序带上面的恒星称之为主序星。图中还可以看出红巨星序、红超巨星序和白矮星序。分光视差测距法是通过拍摄恒星光谱，分析峰值波长和谱线强度得出恒星光谱型和恒星类型，再根据赫罗图计算恒星绝对星等。已知绝对星等和观测获得的视星等，根据公式（3.7）可计算恒星到地球的距离。例如，从图 3.4 可以看出 G 型主序星绝对星等约为 5 等。分光视差法可以测量百秒差距以外的恒星距离，但是对于数万秒差距以外的恒星距离太远很难拍到光谱，也就没办法应用分光视差测距法测量距离了。

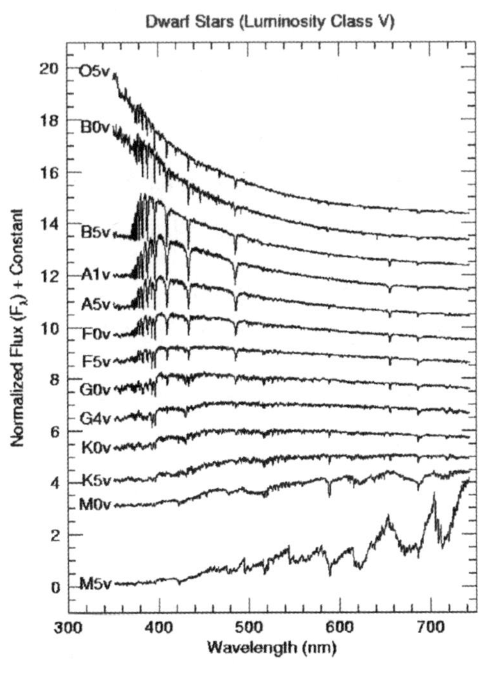

◎ 图3.3 恒星的典型光谱型图[5]

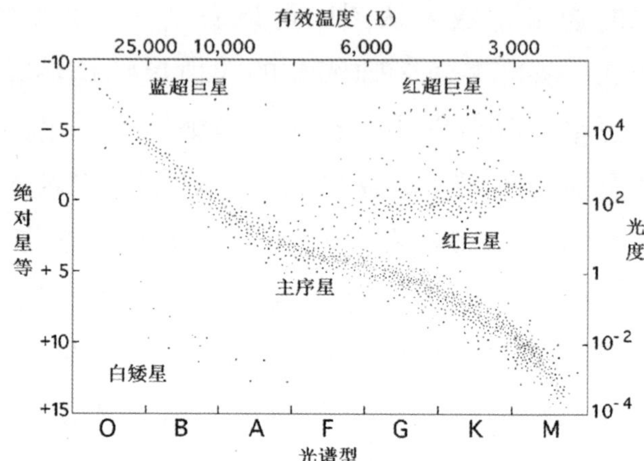

◎ 图3.4 大量近邻恒星赫罗图[6]

（3）造父变星周光关系测距 变星是指恒星亮度伴随其他物理量会发生变化的恒星。造父变星是变星中的一种。有关变星的详细介绍请参考第 9 章。1912 年，美国女天文学家勒维特发现了小麦哲伦星云（河外星系）中 25 颗造父变星的周期和光度关系，即光变周期越长的造父变星绝对星等越大[7]。图 3.5 为 1912 年其文献中给出的关系图[7]。左图横坐标为光变周期，纵坐标为绝对星等值。图中两个分支为光变时绝对星等的最大值和最小值。右图横坐标换成脉动周期取以 10 为底的对数值。从图中可以看出，造父变星的亮度即绝对星等和脉动周期取对数成正比。

该关系图即为早期造父变星"周光关系"图的雏形。有了此图，只要长期监测造父变星的脉动周期，比如恒星亮度从最亮到下一次最亮的时间间隔，再对照此周光关系图（假定此一类造父变星均遵循此物理规律），即可获得绝对星等平均值。再测出视星等，即可根据公式（3.7）计算得出造父变星到地球的距离。1925 年，Hubble 观测了仙女座大星云（M31）和三角座星系（M33）中的造父变星。计算出两天体到地球的距离为 285000 pc 数量级[8]，即 93 万光年（误差较大，因为周光关系图还不太完备，零点问题还没有校准）。虽然当时给出的距离值误差较大（M31 和 M33 到地球距离的现代值均为 250 万光年数量级），但是测定的 M31 距离已经远超过了银河系 10 万光年的尺度。也就是说仙女座大星云不是银河系内的星云而是银河系以外的河外星系。利用造父变星周光关系测距法测量天体的距离尺度可达 1000 万光年数量级。

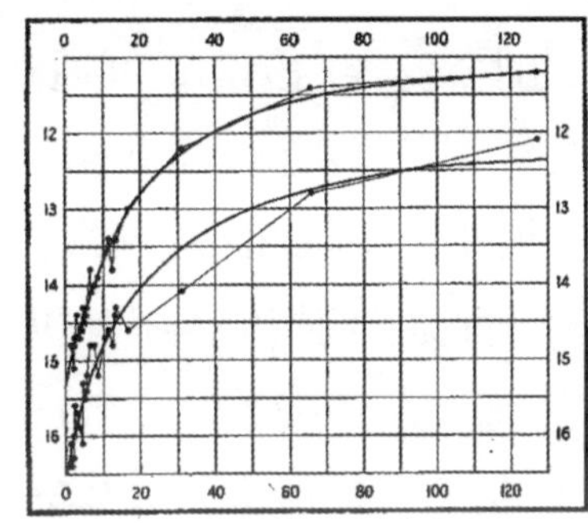

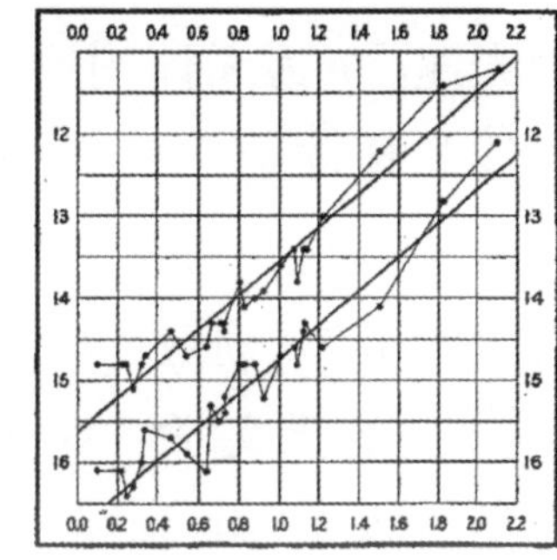

◎ 图3.5　小麦哲伦星系中造父变星的周期和绝对星等关系[7]

（4）谱线红移测距　1929 年，哈勃用 2.5 米大型望远镜观测了很多的河外星系。发现河外星系视线方向的退行远离速度和河外星系到地球的距离成正比。图 3.6 为 1929 年文献中的速度距离关系图[9]。

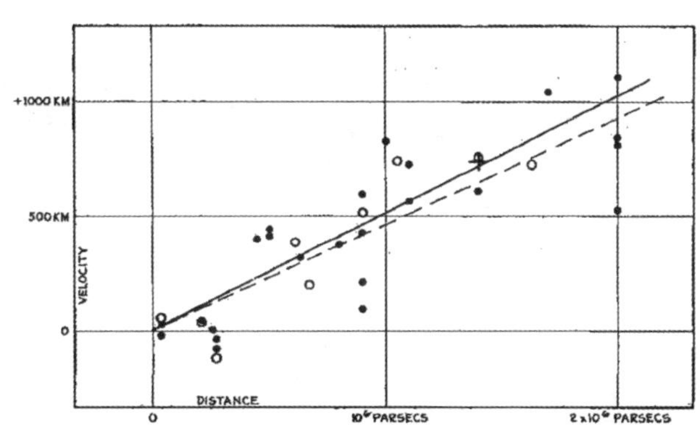

◎ 图3.6　Hubble（1929）速度距离关系图[9]

从图中可以看出，距离的测定已经到了百万秒差距。星系发出的光频不变，但是我们接收到的频率比星系发出的真实频率小，对应着波长向红端移动。也就是说，星系在远离我们。星系离我们越远，退行的速度越快，谱线红移越大。目前此现象的最流行的解释为宇宙大爆炸学说。天体红移（Z）和距离的关系为：

$$Z = H\frac{r}{c} \tag{3.12}$$

上式中哈勃常数 H 取值为 60 ~ 75 千米 /（秒 · 兆秒差距），c 为光速，r 为天体到地球的距离。红移量 Z 可通过比较观测到的天体谱线和地球上实验室中观察到的相应谱线获得。类星体是类似恒星的天体，它的光学对应体很小、表面很亮，光谱为有发射线的连续谱。类星体、脉冲星、微波背景辐射和星际有机分子被称为 20 世纪 60 年代的天文学“四大发现”。1963 年，Greenstein 和 Matthews 测得类星体 3C 48 和 3C 273 的红移分别为 Z = 0.3675 和 Z = 0.158[10]，若取 H = 70 千米 /（秒 · 兆秒差距），光速 c 取 300000 千米 / 秒，可计算出类星体 3C 48 和 3C 273 到地球的距离分别约为 51 亿光年和 22 亿光年。用谱线红移法测距可测量远达百亿光年的天体。

3.4 恒星的自行

一般而言，恒星在太空中并不是不动的，只是距离太阳太遥远，不借助精密仪器没办法区分恒星的空间运动。我们把恒星的空间运动分解为沿视线方向运动和与视线方向垂直的横向运动。

恒星横向运动一年的距离对观察者所张的角度即为恒星的自行。绝大多数恒星的自行都很小。1916 年，爱德华·爱默生·巴纳德发现了一颗恒星的自行竟然达到了 10″.3[11]，即每年横向运动 10″.3，约 180 年该星横向运动的天区尺度就和满月直径相当。此星被命名为 Barnard's star（巴纳德星）。该星距离太阳只有约 6 光年。图 3.7 展示了 1942 年巴纳德星所在位置[12]。图中的比较星被标记为序号 1 ~ 8。图 3.8 来自 SIMBAD 天文数据库。和图 3.7 中的比较星位置对照标记出图 3.8 中的比较星。两幅图对比，可以清晰地看到从 1942 年至今，巴纳德星已经从比较星 5 和 6 之间运动到了图 3.8 上方的十字叉丝处。图 3.9 展示了楚雄师范学院 40 cm 科普望远镜于 2018 年 6 月拍摄的巴纳德星的位置。70 多年过去了，巴纳德星已经运动了很可观的一块天区。

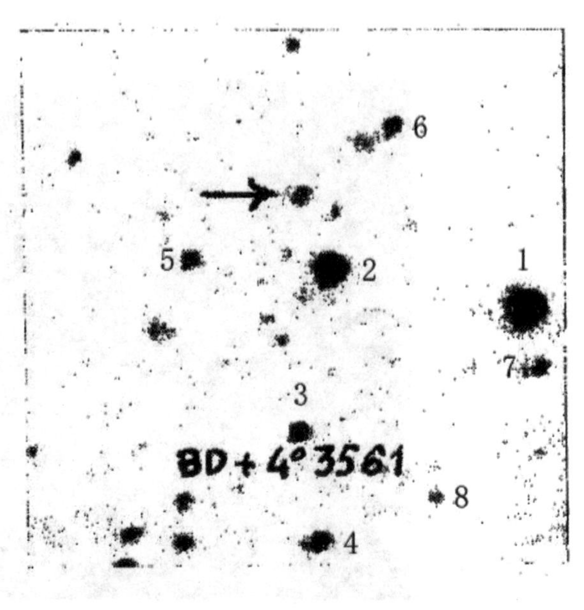

○ 图3.7　巴纳德星1942年位置图[12]

○ 图3.8　SIMBAD天文数据库中的巴纳德星位置图

○ 图3.9　楚雄师范学院40 cm科普望远镜2018年6月拍摄的巴纳德星位置

3.5 恒星的演化

观测证据显示恒星形成于巨大而稀薄的气体云中。气体云的自身引力和内部原子、分子热运动一般处在大致平衡的状态。引力具有不稳定性，导致气体云向密度高的云核聚集，进而塌缩形成原恒星。

图 3.10 来自黄润乾老师的《恒星物理》[13]，展示了氢原子气体云塌缩碎裂成恒星的过程。值得注意的是，气体云很稀薄、密度极低（10^{-24} g/cm^3 数量级），塌缩形成恒星后密度处在 1 g/cm^3 数量级。

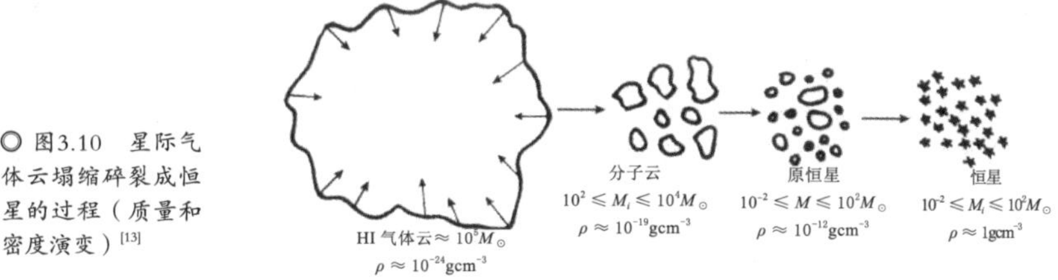

◎ 图3.10 星际气体云塌缩碎裂成恒星的过程（质量和密度演变）[13]

图 3.11 从空间尺度上显示了小质量恒星的形成过程[6]。一般而言，质量小于 2.2 $M_\odot$（太阳质量）的恒星称之为小质量恒星，质量为 2.2 ~ 9.0 $M_\odot$的恒星称为中等质量恒星，质量大于 9.0 $M_\odot$的恒星称为大质量恒星。图 3.11 展示了下述 4 个过程。中心部分快速塌缩形成原恒星，外围较慢收缩形成盘状结构。原恒星中心核（氘）点火后形成强星风，在自转轴方向形成喷流。喷流强度随张角变大而减弱。原恒星发出的强辐射吹散吸积盘大部分物质，剩下的部分可能形成行星系统。中心氢开

始点燃时，原恒星即成为稳定的主序星[6]。

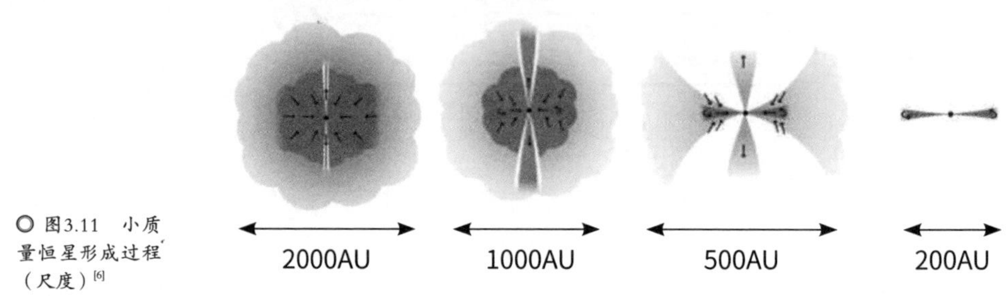

○ 图3.11　小质量恒星形成过程（尺度）[6]

氢元素是恒星内部最丰富的物质。氢燃烧过程（主序）占据了恒星约 90% 的寿命。图 3.12 显示了小质量恒星在赫罗图中的演化轨迹[13]。小质量恒星演化过程大致需要经历主序、红巨星分支、水平分支、渐近巨星分支（AGB）、行星状星云和白矮星阶段。图 3.13 显示不同质量的恒星在赫罗图中的演化[14]。

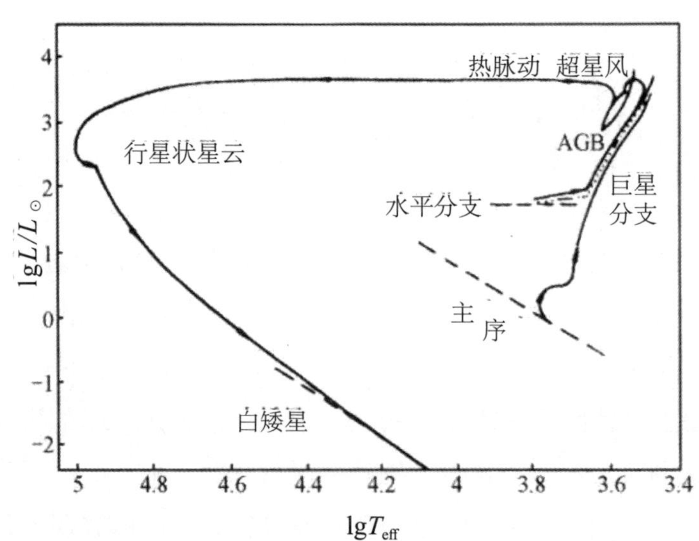

○ 图3.12　小质量恒星在赫罗图中的演化[13]

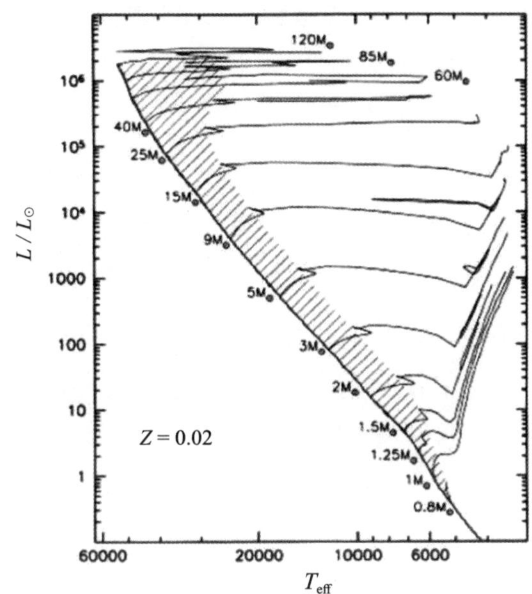

◎ 图3.13 不同质量的恒星在赫罗图中的演化[14]

绝大多数中小质量恒星都将演化生成白矮星，如图 3.12 所示。白矮星是一种极端致密的天体，它的质量和太阳是同一个数量级，体积却和地球为同一个数量级，因此具有极大的密度。图 3.10 显示刚形成的恒星的密度处在 1 g/cm^3 数量级。太阳的平均密度为 1.4 g/cm^3。白矮星的密度处在 10^6 g/cm^3 数量级，是研究极端物理规律的天然实验室。一般而言，白矮星不再发生热核燃烧过程，依靠残余的热量发光，逐渐冷却直至淡出人们的观测视野。

根据钱德拉塞卡的理论，白矮星的质量存在上限，约为 1.44 $M_{\odot}$（和白矮星化学组成有关）。电子简并压和强大的引力相抗衡，维持着白矮星的流体静力学平衡结构。质量超过白矮星的质量上限，电子简并压没办法和引力相抗衡，所以白矮星存在一个质量上限。质量超过白矮星质量上限，电子简并压没办法抵御引力，中心核开始塌缩，当塌缩到核子可以明显感受到彼此间的排斥力时，核子之

间的相互排斥力随着核子间距离的减小而迅速增大，和引力抗衡，重新建立流体静力学平衡状态[6]，此时就形成了中子星。由于单个核子的典型半径为 10^{-13} cm，对于一颗质量为 2 $M_{\odot}$的中子星来说，其半径大约为 13 km，对应的密度为 10^{14} g/cm^3 数量级。上一小节提到的 20 世纪 60 年代四大发现之一的脉冲星就是旋转的中子星。中子星也存在质量上限，由简并中子气体组成的物质所能支撑的质量上限约为 3 $M_{\odot}$。比中子星密度更大的天体为黑洞，黑洞的引力非常强大，在其引力范围内的光都没办法逃脱。

欧洲航天局 2013 年年底发射了盖亚（Gaia）卫星。该卫星用来探测数十亿颗恒星的位置、视差、自行、光度等基本参量。其中包含海量的白矮星参数，有助于理解恒星结构与演化。具有精确年龄数据的白矮星分布有助于理解恒星形成的历史和银河系薄盘、厚盘、核球、银晕的精细结构。

第4章
天文观测工具介绍

4.1 天文望远镜概述

宇宙深邃而神秘，向人类传递着丰富的信息，例如，电磁辐射、高能宇宙粒子、中微子、引力波等。电磁辐射，也叫作电磁波。电磁波的波长分布十分广泛，按照波长由小到大有 γ 射线、X 射线、紫外线、可见光、红外线、无线电波等。其中可见光部分我们最熟悉，按照波长由小到大又可以分为紫、靛、蓝、绿、黄、橙、红这七色光。紫光的波长在 400 nm 附近，红光的波长在 700 nm 附近。

由于大气分子和固体颗粒对天体辐射的吸收和散射作用，只有某些波段的辐射能够到达地面，我们把这些波段形象地称为“大气窗口”。将天文台建设在高山上，大气消光的影响会显著减小。大气为地面望远镜敞开了光学窗口（可见光波段）、射电窗口（无线电波段）和部分红外窗口（红外波段）。对于 γ 射线、X 射线、紫外线以及大部分红外辐射，一般而言只能借助空间天文卫星进行观测。根据大气窗口，地面最常见的望远镜为光学望远镜和射电望远镜。

天文光学望远镜一般由物镜、目镜及配件组成。物镜的口径（D）越大，能够接收天体辐射的平行光的面积也就越大，接收天体的光也就越多，同一个天体看起来也就越亮。也就是说大口径望远镜能看更暗弱的天体。早期望远镜的设计只配有目镜，近年来望远镜的终端设备一般为电荷耦合器件（CCD）和光谱仪。科普观测的终端设备一般为照相机、投影仪等。每台望远镜能够看到的天区都是有限的，望远镜能够观测天区的角直径称为视场角，用 ω 表示。在视场范围内，望远镜刚好能够分开的两个点之间的角距离称之为分辨角，用 δ 表示，分辨角越小，分辨本领越大。根据光的衍射原理，理论上望远镜的极限分辨角为：

$$\delta = 1.2\ \frac{\lambda}{D} \tag{4.1}$$

即分辨角和入射波波长成正比和望远镜物镜口径成反比。

图 4.1 和图 4.2 均来自中国科学院云南天文台官方网站，两幅图分别为中国科学院云南天文台 1 m 光学望远镜和 2.4 m 光学望远镜。1 m（主镜口径为 1 m）光学望远镜配 Andor DW436 2048 × 2048 CCD 系统，视场角 7′.3 × 7′.3。2.4 m 光学望远镜配有 PI Vers Array CCD 相机、YFOSC、LiJET 等多个观测终端。具有多终端仪器的快速切换能力，可进行测光观测，也可以进行光谱观测。该望远镜地处中国

云南省丽江市，填补了地理纬度上的空白，为我国南方地区的重要天文观测设备。2.4 m 光学望远镜具有先进的观测和控制系统，为我国天文学发展作出了巨大的贡献。图 4.3 来自中国科学院国家天文台官方网站，为我国自主研制大天区面积多目标光纤光谱天文望远镜（LAMOST），即郭守敬望远镜。

郭守敬望远镜的有效通光口径为 4 m，视场角直径达 5°。使用并行可控光纤定位技术同时放置了 4000 根光纤，可同时获得 4000 个天体的光谱。郭守敬望远镜为我国大口径、大视场、多光纤的大科学装置，使我国在大视场光谱观测方面在国际上居于领先地位。

◎图4.1 中国科学院云南天文台1 m光学望远镜

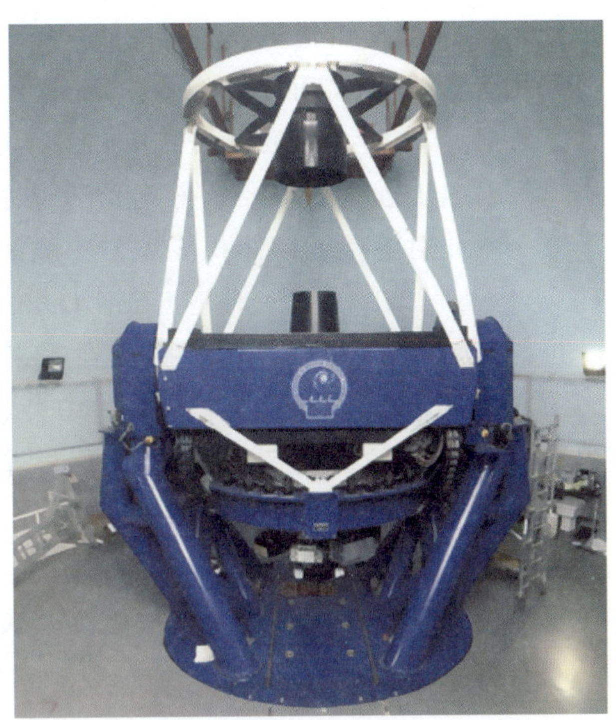

◎ 图4.2 中国科学院云南天文台2.4 m光学望远镜

◎ 图4.3 中国科学院国家天文台郭守敬望远镜

射电望远镜和光学望远镜原理类似，只是观测波段不同。射电望远镜观测的是射电波段，没办法像光学望远镜那样直接成像。但

是任何图像都是由像元构成的，射电望远镜同样可以测定像元，再利用计算机合成间接成像。由于观测的射电波长比可见光波长大了好几个数量级，根据公式（4.1），想获得相同数量级的角分辨率，射电望远镜的口径就得比光学望远镜的口径对应着大几个数量级。因此射电望远镜体积庞大，一般都是几十米甚至是几百米。1932 年，美国工程师央斯基（Karl Guthe Jansky）根据一年的观测分析，判定在 14.6 m 波长上探测到了来自银河系中心的每隔 23: 56: 04 就会出现的射电辐射[15]。1940 年，另一位美国工程师雷伯用自制的抛物面射电望远镜证实了央斯基的发现，并在 162 MHz（1.85 m 波长）上首次绘制了银河系辐射图，如图 4.4 所示[16]。从此，射电天文学就诞生了。为了纪念央斯基（Karl Guthe Jansky）的首次发现，天体射电流量密度的单位定为“央斯基”，简写为“央”，记入国际物理单位体系。

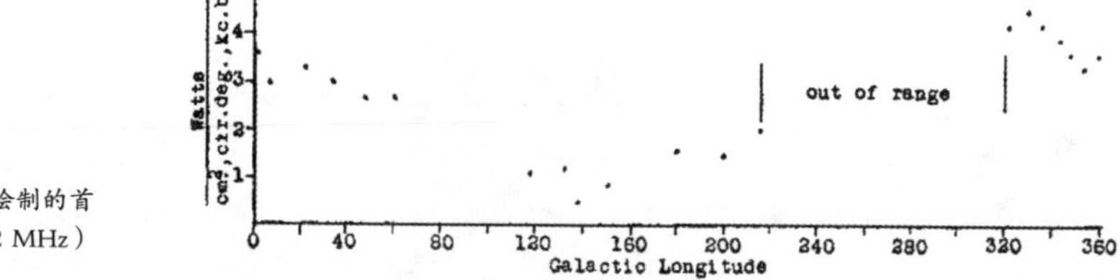

◎ 图4.4 Reber绘制的首张射电波段（162 MHz）银河系信息图[16]

图 4.5 为中国科学院云南天文台 40 m 射电望远镜。该望远镜的主要科学任务包含我国嫦娥探月工程以及射电天文观测研究。

图 4.6 为中国科学院国家天文台 500 m 射电望远镜（FAST）。500 m 球面射电望远镜被誉为中国天眼，是我国重大科技基础设施工程，是目前全世界最大单口径高灵敏射

电望远镜。单口径射电望远镜显然没办法无限制的扩大口径，人们根据光的干涉原理，研制了射电干涉仪，采用阵列的方式来等效的扩大射电望远镜口径。射电天文学正在蓬勃发展。

◎ 图4.5 中国科学院云南天文台40 m射电望远镜

◎ 图4.6 中国科学院国家天文台500 m射电望远镜

如今，天文学的研究早已变成了全波段的研究。没有敞开大气窗口的波段，人们就采用空间天文卫星观测。探索神秘的宇宙，发现科学的未知，需要一代代人不懈的努力。

4.2 楚雄师范学院 40 cm 科普望远镜介绍

楚雄师范学院是一所云南省属地方应用型本科大学，地处我国云南省楚雄市。楚雄市的经度为东经 102° 附近，纬度为北纬 24° 附近，已经十分接近北回归线，夏至日正午北京时间 13:12（北京时间取在东经 120°，东经 102°，较东经 120° 西行 18°，即晚了 1 小时 12 分）附近，楚雄市的太阳高度角最高为 89°。楚雄市的纬度较之于北京低了很多，可以看到更多的南天亮星。

为了扩大天文学科普宣传以及辅助天文学选修课，我校从昆明晶华光学有限公司购置了一台 16in（40.64 cm）道布森反射式科普望远镜，配有正像暗视野寻星镜、三组目镜及单反相机接口。探索科学（Explore Scientific）品牌、单筒望远镜。我们将该望远镜简称为楚雄师范学院 40 cm 科普望远镜。如图 4.7 所示，该望远镜为地平式结构，长 1.8 m 左右（质量约 50 kg），不方便移动。我校目前暂时没有合适的位置建设天文圆顶，我们想办法创造条件，在望远镜下面放置了一辆小推车，方便移动望远镜。此台望远镜的高度刚好比办公室的门矮一点，如图 4.8 所示，方便推出推进。

为了遮光和防尘，给望远镜做了黑袍子、红盖头。使用时接上目镜或者单反相机，推到门外，借助楼层间隔进行观测。

也可以推到教室进行演示，组织同学们进行观测实验。

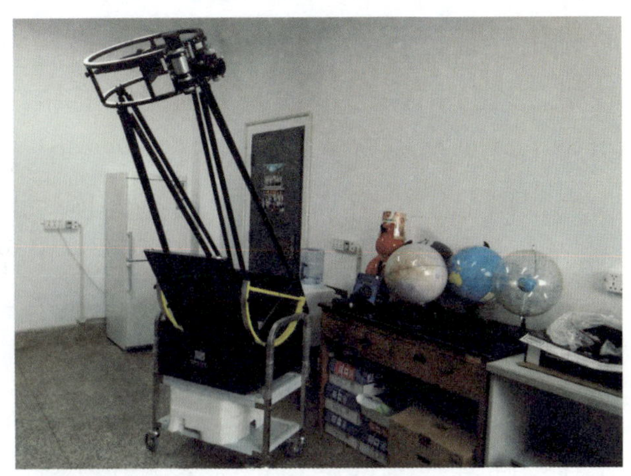

◎ 图4.7 楚雄师范学院40 cm科普望远镜（原图）

◎ 图4.8 楚雄师范学院40 cm科普望远镜（黑布覆盖图）

楚雄师范学院处在楚雄市城区，傍晚城市背景光对高度角偏低的天体影响较大。高度角大于70° 的天体又会被楼顶遮挡。因此，观测天体最佳高度角为10° ~ 70° 。该望远镜视场角长轴方向比太阳和满月稍大一点（略大于30′），短轴方向略小于太阳和满月（略小于30′）。该科普望远镜用于从事科普宣传和辅助天文学选

修课教学，非专业天文学科学研究观测设备。使用时间一般为傍晚20:00 ~ 23:00。23:00以后教学楼关闭，学生宿舍楼也关闭。观测时先用导星镜找到目标源，然后再根据目标源的明亮程度调制单反相机，进行拍摄记录。该望远镜没有跟踪系统，相机曝光时间均需小于1秒（如果曝光时间超过1秒，由于地球自转而引起的星象拉长会很明显）。由于没办法拍摄天顶、地处城区、拍摄时间局限在20:00 ~ 23:00、教学楼安全出口标志（光污染）等因素，该望远镜一般只能拍摄10等及更亮的星。有些比10等星更暗的星也许能勉强分辨，有些则没办法识别。

该望远镜虽然各方面条件都很简陋，但是为同学们开阔了视野，在楚雄师范学院极大地扩大了天文学科普宣传，有助于面向大众普及天文学基础知识。每位感兴趣的同学都有机会拍下自己想拍摄的较亮天体。

另外，图4.8右侧天球仪旁边放置的是红色的宝葫芦望远镜，主镜口径约为14 cm。该望远镜只配有一个目镜终端，没办法拍摄记录。第1章中图1.5为手机对准宝葫芦目镜端拍摄的昴星团M45。

4.3 天文软件和网站简介

开源星空软件是天文爱好者的理想工具。特别是对需要利用小口径寻星镜寻找目标星的观测实践，星空软件就更有帮助了。

Stellarium（可译作中文名虚拟天文馆）就是一款开源的星空软件。下载安装较新的版本以后，打开软件设置地理位置为观测者所在位置，比如楚雄（东经 102°，北纬 24°）。该软件可以搜索目标星，查看获得目标星的基本参数，可以根据需要选择调整模拟观测时间，可以放大缩小观测天区，甚至可以把观测地点选择在月球或者其他行星上面进行模拟观测。该软件操作简单、使用方便，电脑手机均可使用，可以实现随时随地模拟星空，对熟悉星空十分有帮助。

Virtual Moon Atlas（虚拟月面图）是一款开源的模拟月球表面的软件。可利用该软件查看详细的月面图和较大的环形山。拍摄到清晰的月球表面图片后，对月球表面的月海和环形山做标注时可参考此软件。

“http://simbad.u-strasbg.fr/simbad/”网站为天文数据库网站，根据天体名称搜索可获得天体基本参量信息，也可获得天体周围星空相关信息。该天文数据库给出的特定天区星空信息更详细，较暗恒星更多，非常适合用来和观测拍摄图片进行比对。

“https://www.aavso.org/”网站为美国变星观测者协会网站。输入变星名称可获得光变曲线、观测记录等详细信息。对于变星观测非常有用。

“http://ads.bao.ac.cn/abstract_service.html”网站为天文学文献搜索网站，可根据作者、题目、关键词、出版杂志名等信息搜寻需要的科技文献。

第5章 月球拍摄

5.1 月球结构识别

购买的望远镜安装调试完毕后，首先对地球的天然卫星——月球进行了长期跟踪拍摄。本章将详细介绍拍摄的月球图片和有关分析过程。

在第 1 章中，我们展示了一张拍摄的蛾眉月图片。图 5.1 展示的是农历十一月初七（2016 年 12 月 5 日）接近上弦月时的月相。使用 Stellarium 软件发现 2016 年 12 月 6 日为上弦月月相。

◎ 图5.1 农历十一月初七（2016年12月5日）拍摄的月球

月球表面有很多块低洼平原，面积较大，呈阴暗状，称为月海。月海并不是真正的海洋，只是形象的命名。图 5.1 中的月相包含了 5 块月海，通过和 Virtual Moon Atlas 软件以及月球仪逐一对比可知，此 5 块月海分别被命名为：Mare Crisium（危海，右下一），Mare Fecunditatis（丰富海，左下一），Mare Nectaris（酒海，左上一），Mare Tranquillitatis（静海，右上二）和 Mare Serenitatis（澄海，右上一），如图 5.2（图 5.1 局部放大）所示。危海的结构呈现出近圆形，用直尺量得月球直径和危海直径的比约为 8.5，考虑到月球直径为 3476 km，危海的直径近似为 400 km 数量级。

月球表面布满了大大小小的环形凹坑结构，凹坑的周围有环状凸出结构，此结构称为环形山。图 5.2 中的标注 1、2、3、4、5 环形山分别为：Fracastorius crater（弗拉卡斯托罗环形山），Catharina crater、Cyrillus crater，Theophilus crater（西奥菲勒斯环形山）和 Piccolomini crater（皮科洛米尼环形山）。拍摄图片中标注的前 4 个环形山直径约为危海直径的 1/4，这 4 个环形山的尺度约为 100 km 数量级。从图 5.1 和图 5.2 中都可以分辨出月面结构中比 1 ~ 4 环形山小很多的结构，因此，此科普望远镜具备分辨月球表面 10 km 数量级以上的月面结构。

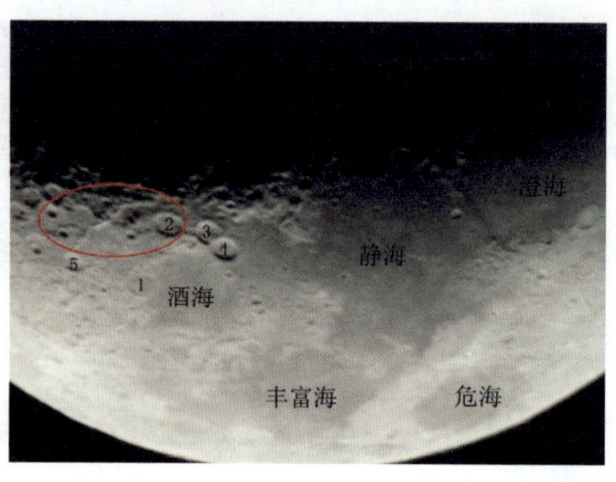

图5.2 标注并局部放大后的图5.1

另外，图 5.2 中还用红色标注圈出了一条细长的峭壁结构。从红色圈的左下角（皮科洛米尼环形山附近）一直蔓延到右上角以外没有明显终点的区域。此峭壁结构称为阿尔泰峭壁（Rupes Altai），此峭壁长度和危海直径相当，约为 400 km 数量级。

5.2 满月

既然此望远镜具备在一定程度上识别月面结构的能力，那么，是否需要拍摄满月来进行月面结构整体识别呢？图 5.3 为农历五月十六（2017 年 6 月 10 日）拍摄的月球。从图中可以看出危海、丰富海、酒海、静海、澄海。在上一小节中，酒海旁边十分清晰的环形山在图 5.3 中并不清晰，甚至不能分辨，这是光学作用造成的。满月时，人眼能观察到的阳光照射月面最大，反而不利于观看小尺度结构。相反，在明暗交界处，阳光几乎和月面相切照射，更容易根据阴影区分出立体结构。例如，丰富海旁边有一环形山名叫朗格伦环形山（Langrenus crater），在图 5.1 和图 5.2 中（丰富海下方）并不明显，甚至看不出来，在图 5.3 中却很明显（丰富海右侧）。

从图 5.3 中也可以看出此望远镜视场横向比月球直径略大，纵向比月球直径略小。图 5.4 对图 5.3 进行了简单的标注。其中，环形山 1、2、3 均有明显的辐射状条纹，它们分别称为第谷环形山（Tycho crater）、哥白尼环形山（Copernicus crater）和开普勒环形山（Kepler crater）。环形山 4 的名称为阿利斯塔克环形山（Aristarchus crater），它最大的特点就是反照率很大，看起来格外地亮。澄海左侧的很大的一块月海，名叫雨海，我国嫦娥三号探测器（工作于 2013 年 12 月至 2016 年 8 月）即着陆在雨海西北部并开展工作。图 5.5 展示了 2013 年 12 月 16 日嫦娥三号着陆器的地形地貌相机拍摄的巡视器工作画面[17]，可以看出巡视器转向、掉头，运行正常。随着国家经济迅猛发展、科技突飞猛进，国人在无比自豪的同时更要承担起时代使命，沿着前人的足迹不断探索、勇敢前行。

◎图5.3　农历五月十六（2017年6月10日）拍摄的月球

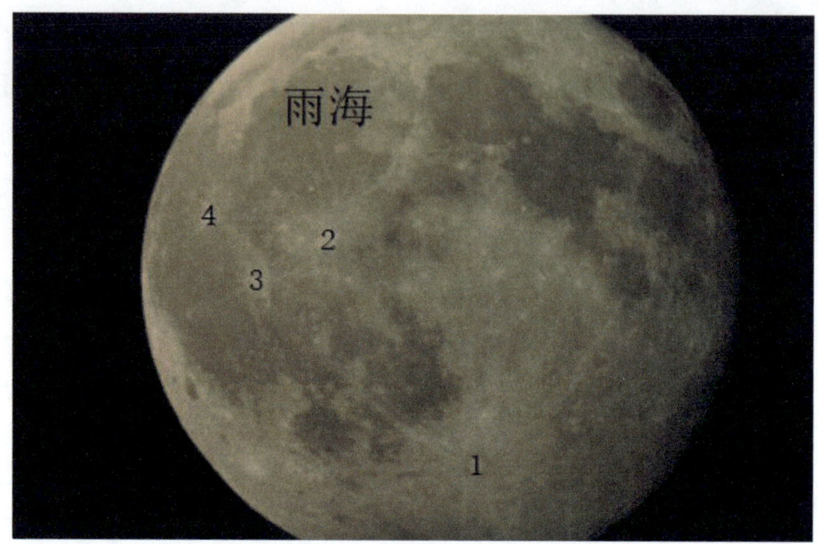

○ 图5.4 标注图5.3

○ 图5.5 嫦娥三号着陆器地形地貌相机2013年12月16日拍摄的巡视器工作画面[17]

在第 3 章中我们介绍了月地距离约为 38 万千米，实际上这只是一个月地距离的平均值。月球绕地球运动为椭圆并非严格的圆周。很自然，月球处在近地点时我们看到的月球会变大，处在远地点时我们看到的月球会变小。农历十月十五（2016 年 11 月 14 日）即出现了一次月球处在近地点的现象，新闻媒体称为“超级月亮”。应楚雄师范学院科学技术协会邀请，楚雄师范学院天体物理研究所利用我校 40 cm 科普望远镜组织了一次观看月球的科普活动。有上百名学生观看了此“超级月亮”。图 5.6 为记录的“超级月亮”照片。月球下方的第谷环形山刚好没有被拍进视场。图 5.6 和图 5.3 对比可知，处在近地点的月球看起来确实比普通的月球大很多。横向上，用直尺测量图 5.3 和图 5.6 月球直径并和视场相比较，很快就可以得出图 5.6 的月球比图 5.3 看起来直径大了 16.5%。因此，图 5.6 记录的月球是一个名副其实的“超级月亮”。

◎ 图5.6　农历十月十五（2016年11月14日）拍摄的月球

5.3 月球上的中国元素

月球绕地球公转的同时也在自转，经过长期的潮汐引力作用，月球实现了同步自转，即自转周期和公转周期相等，方向均为逆时针方向（由北向南看）、自西向东。所以地球上的人只能看到月球的正面，想看月球的背面，就需要借助于空间卫星。

有了自转轴就可以很方便地定义南北极、赤道和经纬度了。地球上我们选择经过英国格林尼治天文台的经线为本初子午线，即 0°经线。月球上，也需要找到一条定标的子午线。月面始终以正面面对着我们，经纬网的原点必然选在正面的中间部分，使用起来更方便。月面中心附近刚好有一个陨石坑名叫 Mosting A，此点处在月面中心稍左下方，其坐标约为西经 5°，南纬 3°。只要对此地标进行精确测定和统一规定，即可建立统一的月球经纬坐标。该陨石坑直径约 13 km。当其处在月球明暗交界处时有机会被 40 cm 科普望远镜分辨。图 5.7 为农历九月初十（2016 年 10 月 10 日）拍摄的月球，图片右上方最明显的环形山为哥白尼环形山。中上方红圈标注的中心明亮目标源为 Mosting A。图 5.8 为农历十二月二十一（2017 年 1 月 18 日）早晨拍摄的月球，图中红圈标注的中心明亮目标源即为 Mosting A。

在我国嫦娥一号卫星发射升空以前，9000 多个月球地名中具有中国元素的只有 15 个。它们分别是万户、万户 T、郭守敬、石申、石申 Q、石申 P、张衡、张衡 C、祖冲之、祖冲之 W、嫦娥、景德、高平子、万玉、宋梅。

2010年，中国科学院月球与深空探测总体部利用嫦娥一号影像数据向国际天文学联合会申请并获批将3个撞击坑分别命名为毕昇、蔡伦和张钰哲。

2014年，中国科学院月球与深空探测总体部再次向国际天文学联合会提出申请建议用中国古天文“三垣四象二十八宿”中的元素来命名嫦娥三号着陆点周边的地貌，2015年获批。嫦娥三号着陆点附近地域命名为“广寒宫”；附近3个撞击坑分别命名为“紫微”“太微”和“天市”。2019年，国际天文学联合会批准嫦娥四号着陆点命名为天河基地，着陆点附近3个小环形坑分别命名为织女、河鼓和天津（呈三角形排列），着陆点所在冯·卡门坑内的中央峰命名为泰山。至此，共有27个中国元素被命名为月球地名。此27个中国元素命名的月球地名基本信息被列在表5.1中。在表中可以看出，经度小于东经90°也小于西经90°，同时尺度又超过10 km的用中国元素命名的月球结构中只有万玉月溪和高平子环形

◎ 图5.7 农历九月初十（2016年10月10日）拍摄的月球（Mosting A）

山。但是万玉月溪只有 13.72 km 长（太小了），而高平子环形山经度为东经 87.81°（十分接近月球正面边缘），对我校 40 cm 科普望远镜而言，几乎没办法拍摄。

◎ 图5.8 农历十二月二十一日（2017年1月18日）早晨拍摄的月球（Mosting A）

表 5.1 月球地名中国元素信息表

地名	英文名	直径	坐标	地名	英文名	直径	坐标
万户	Wan-hoo/Van-Gu	53.28 km	西经 138.91° 南纬 9.96°	万户T	Wan-hoo/Van-Gu T	21.22km	西经 141.13° 南纬 10.18°
郭守敬	Kuo Shou Ching	33.48 km	西经 134.66° 北纬 8.10°	石申	Shi Shen	46.52km	东经 104.13° 北纬 75.78°
石申Q	Shi Shen Q	33.85 km	东经 96.18° 北纬 73.99°	石申P	Shi Shen P	21.26km	东经 96.82° 北纬 71.64°
张衡	Chang Heng	42.65 km	东经 112.21° 北纬 18.90°	张衡C	Chang Heng C	19.90km	东经 113.93° 北纬 20.38°

续表

地名	英文名	直径	坐标	地名	英文名	直径	坐标
祖冲之	Tsu Chung-Chi	28.53 km	东经145.16° 北纬17.16°	祖冲之W	Tsu Chung -Chi W	24.46km	东经143.80° 北纬18.55°
嫦娥	Chang-Ngo	2.34km	西经2.16° 南纬12.69°	景德	Ching-Te	3.7km	东经29.97° 北纬20.02°
万玉	Rima Wan-Yu	13.72 km	西经31.43° 北纬19.98°	高平子	Kao	34.54km	东经87.81° 南纬6.71°
毕昇	Bi Sheng	55.27 km	东经148.46° 北纬78.35°	宋梅	Rima Sung-Mei	3.88km	东经11.28° 北纬24.59°
张钰哲	Zhang Yuzhe	38km	西经137.82° 南纬69.07°	蔡伦	Cai Lun	44.89km	东经113.66° 北纬80.12°
太微	Tai Wei	0.48 km	西经19.49° 北纬44.15°	紫微	Zi Wei	0.42km	西经19.52° 北纬44.12°
广寒宫	Guang Han Gong	0.08km	西经19.51° 北纬44.12°	天市	Tian Shi	0.47km	西经19.45° 北纬44.10°
织女	Zhinyu	3.8km	东经176.15° 南纬45.34°	河鼓	Hegu	2.2km	东经177.57° 南纬46.30°
天津	Tianjin	3.9km	东经178.81° 南纬44.93°	泰山	Mons Tai	24km	东经175.83° 南纬44.56°
天河	Statio Tianhe	0.01km	东经177.60° 南纬45.45°				

图5.9为农历十一月二十六（2016年12月24日）早晨拍摄的月球。左下角为Virtual Moon Atlas对应日期的软件截图，红色点标注为软件中注释的万玉月溪。经过仔细对比，在拍摄月球图片中标注了一个红色圆圈，此圆圈中心即为万玉月溪的位置。遗憾的是，

此图勉强能够分辨周围的略大尺度结构，万玉月溪却无法分辨。图5.10为农历一月十五日（2017年2月11日）拍摄的月球。右上角为Virtual Moon Atlas软件截图，红点位置为高平子环形山位置。遗憾的是，所拍摄图片中高平子环形山太靠近月面边缘而无法分辨。

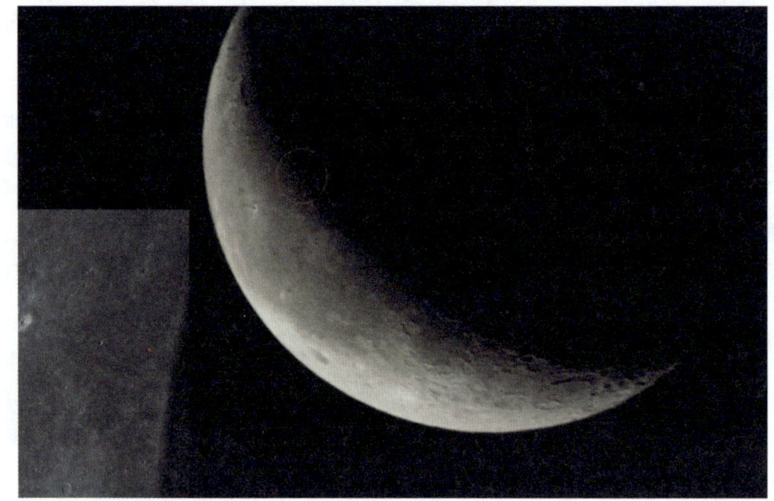

◎ 图5.9 农历十一月二十六（2016年12月24日）早晨拍摄的月球（万玉月溪）

◎ 图5.10 农历一月十五（2017年2月11日）拍摄的月球（高平子环形山）

第6章 行星拍摄

6.1 木星拍摄

除了月球（太阳太亮，拍摄时方法复杂，此处暂且不论），距离地球最近的天体就是太阳系内的行星了。因此，拍摄完月球以后，首先想到的就是拍摄太阳系内的行星。

在太阳系内，除了太阳外，体积和质量最大的就是木星了。木星的体积约为地球的 1316 倍，质量约为地球的 318 倍。自转周期约为 9 时 50 分（较差自转，赤道附近自转稍快，两极地区自转稍慢），公转周期约为 11.8 年，到太阳的距离约为 5.2 倍日地距离（5.2 AU）。木星及其众多卫星构成了一个小型的“太阳系”。图 6.1 为在 2017 年 4 月 2 日 22:07 时拍摄的木星系统，从图中可以看出，木星就像一个“小太阳”。通过和 Stellarium 软件对比（需要精确到分，图中 4 颗卫星的公转周期很短，为天的量级）可知，从右上到左下 4 颗木星卫星依次为：木卫三（Ganymede），木卫一（Io），木卫二（Europa）和木卫四（Callisto）。

这 4 颗大卫星是由意大利天文学家、物理学家和数学家伽利略在 1610 年用自制望远镜首次发现的。此 4 颗卫星统称为伽利略卫星（Galilean satellite），此发现为证明哥白尼日心说提供了主要依据。目前，发现的其他木星卫星均比较小，我校 40 cm 科普望远镜无法分辨。

图6.1　2017 年4月2日22:07 时拍摄的木星系统

4 颗大卫星围绕木星做圆周运动，在地球上看，4 颗卫星

相对于木星可以呈现多种位置关系。一侧 2 颗，一侧 1 颗、另一侧 3 颗，或者 4 颗都在同一侧，都有可能。图 6.2 为 2017 年 4 月 7 日 20:51 时拍摄的木星系统。此时，在天球上木星刚好处在恒星 HIP 64238 A 附近。木卫一即将公转到木星后面，届时我们将只能拍摄到木卫二、木卫三和木卫四。

图6.2 2017年4月7日20:51时拍摄的木星系统

从两幅图片均可看出，木星的视圆面均很大，约为 44″（跟地球到木星的距离有关系，每隔半年可以有约 10″ 以上的变化范围）。对于木星的明暗交替云带结构和最明显的大红斑，该望远镜无法分辨。木星巨大的质量产生了强大引力，使木星一直在默默地保护着地球免受小天体撞击。1994 年 7 月即发生了一次罕见的彗星撞击木星事件。撞击留下的“疤痕”仅次于木星的大红斑，十分明显。

6.2 土星拍摄

太阳系内的第二大行星是土星。土星的体积约为地球的 745 倍，质量约为地球的 95 倍。自转周期约为 10 时 14 分（较差自转，赤道附近自转稍快，两级地区自转稍慢），公转周期约为 29.5 年，到太阳距离约为 9.5 倍日地距离（9.5 AU）。土星最明显的特征就是拥有美丽的光环。图 6.3 为 2016 年 10 月 10 日 20:00 时拍摄的土星。将曝光时间调小（图 6.3 曝光时间为 1 / 160 秒）后可以分辨出美丽的土星环。土星的视直径约为 16″，包括土星环视直径，约为 37″。土星到太阳的距离比木星远了很多，由于地球公转会导致地球和土星的距离出现远近变化，进而导致土星的视大小出现和木星类似的变化，该变化相对没有木星明显。

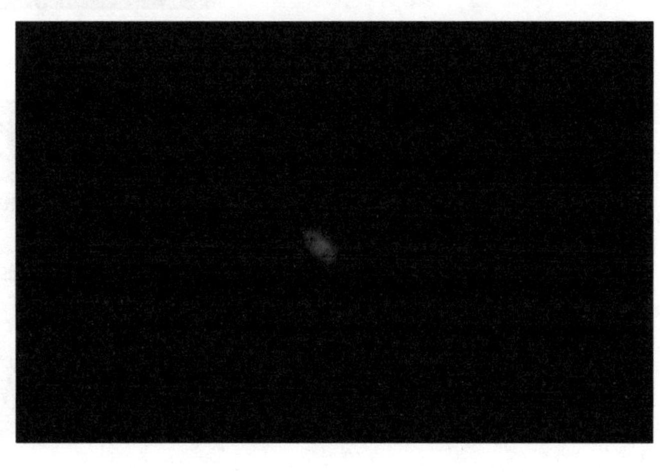

◎ 图6.3　2016年10月10日20:00时拍摄的土星

土星的众多卫星中，土卫六（Titan）个头最大，直径超过 5000 km。将曝光时间调回 1 秒，土星和土星环合在一起被拍成扁椭圆形。同时，土卫六可以被清晰地拍摄到。将土星和土星环构成的扁椭圆长轴方向设为横轴，与之垂直方向设为纵轴，即可粗略估算土卫六的位置。图 6.4、图 6.5 和图 6.6 为 2016 年 9 月 28 日、10 月 10 日、11 月 11 日拍摄的土卫六位置图。在图 6.4 中，土卫六在横轴负半轴上面一点。图 6.5 和图 6.6 均显示土卫六在横轴正半轴向上约 30° 方向。在图 6.5 中，在大球上土星刚好处在恒星 HIP 81887 A 附近。每天连续拍摄，可以得出土卫六绕土星公转周期约为 16 天。土卫六在图 6.5 和图 6.6 之间跨过了两个公转周期。处在中间的 10 月 26 日刚好为阴雨天气，无法拍摄记录土卫六的位置。

图6.4　2016年9月28日拍摄的土卫六位置图

图6.5　2016年10月10日拍摄的土卫六位置图

○ 图6.6 2016年11月11日拍摄的土卫六位置图

6.3 金星拍摄

金星是除了太阳和满月亮度第三位的天体。金星最亮时亮于 -4.7 等。金星的体积和质量均和地球相当，体积约为地球的 0.86 倍，质量约为地球的 0.82 倍。金星自转速度缓慢，自转周期约为 243 天，且是自东向西自转。金星的公转周期比自转周期要短，约为 225 天。金星到太阳距离约为 0.72 倍日地距离（0.72 AU）。金星为地内行星，会出现和月球类似的位相，如图 6.7 所示 [1]。金星处在地球与太阳所连射线方向附近时，从地球上看到的金星位相成“满月”状，此时金星距离地球较远，视直径较小。金星处在地球和太阳之间时，金星位相类似“新月”或者“月牙”，此时金星距离地球较近、视直

径较大。第 1 章中的图 1.2 展示了一幅美丽的“金牙”，拍摄时间为 2017 年 2 月 28 日。图 6.8 为 2017 年 1 月 1 日拍摄的金星位相图。和图 6.8 中的金星视直径比较，图 1.2 中金星的视直径（勾勒出圆球面的直径）确实大很多。

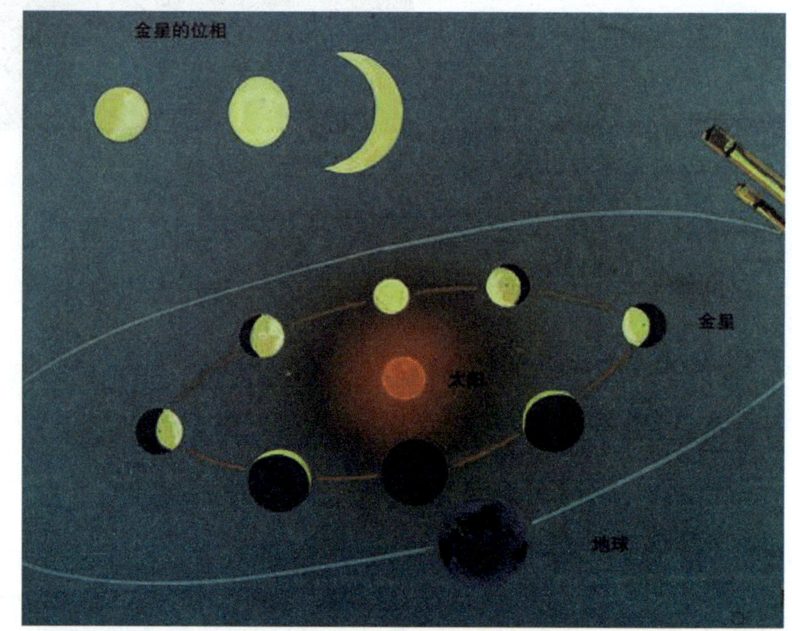

图6.7 金星位相成因图[1]

午夜观察恒星时，观察的天区是太阳和地球射线方向的天区，因此午夜时分永远看不到金星。我国古代称金星为“太白”。凌晨天即将亮时在东方天空看到的金星称为“启明星”，傍晚太阳刚刚落山时在西方天空看到的金星称为“长庚星”。金星有浓密的大气层，二氧化碳占 90% 以上，只有少量的水汽和氧（不到 1%），“温室效应”十分强烈，导致金星表面温度约高达 480 ℃，高温缺水缺氧，不适合人类生存。

图6.8 2017年1月1日拍摄的金星位相图

行星的运动规律是支持日心说有利证据之一。图 6.9 左侧图片来自 2015 年 6 月 28 日傍晚在楚雄师范学院老校区塑胶足球场朝向西方天空用普通手机（当时还没有购置科普望远镜，40 cm 科普望远镜的视场也没有这么大）拍摄的金星和木星位置关系图。由图片可见，金星在木星的斜下方（下方即为西方，金星先落山）。图片最下方的亮光为楚雄市兆顺第一城高楼的灯光。右侧图片来自 2015 年 7 月 10 日傍晚在楚雄师范学院新校区四楼朝向西方天空用普通手机拍摄的金星和木星的位置关系图。此时，金星处于木星的左上方（上方即为东方，木星先落山）。木星公转周期为 11.8 年，短短几天时间，可以将木星作为天球不动参考点。发生了金星自西向东“超过”了木星的现象。图 6.9 的中间部分为 Stellarium 软件截图 2015 年 7 月 29 日西方天空的金星和木星位置关系图。发现金星又运动到了木星的下方即西方，即从 6 月 28 日到 7 月 10 日再到 7 月 29 日，短短一个月的时间，金星大致自西向东“超越”了一次木星又自东向西“超越”木星。此现象即可支持日心说。地球和木星连线和金星轨道相割于两点，金星经过此两点时便发生了上述现象。假如金星和木星

均绕地球做圆周运动，金星不可能一会儿自西向东“超越”木星，一会儿又自东向西“超越”木星。

通过上述例子及分析过程，希望同学们养成多观察、勤动脑、爱思考的好习惯。在学习和生活中多问一个“为什么”，有意地培养和锻炼提出问题、分析问题和解决问题的思维习惯。

图6.9 3个时间点金星和木星位置关系图

6.4 火星拍摄

火星呈橙红色，也是很明亮的天体。火星的体积约为地球的 0.15 倍，质量约为地球的 0.11 倍。自转周期约为 24 时 37 分，公转周期约为 687 天，到太阳的距离约为 1.5 倍日地距离（1.5 AU）。

火星到地球的距离会因为火星和地球绕太阳公转而发生变化。火星和地球各处太阳一边时火星距离地球较远，火星视直径较小。火星和地球处在太阳同侧时，火星距离地球较近，火星视直径较大。在地球上看火星和太阳的黄经相差 180° 时的天象称为火星冲日。火星冲日附近火星的视直径最大，会比平时大很多。图 6.10 为 2018 年 8 月 24 日拍摄的火星冲日附近的火星，此图中火星十分明亮，视星等可达约 –2.3 等。此图中左上角为 7 等恒星 HIP 99273，右上角为 8 等恒星 HIP 99070。图 6.11 为 2017 年 2 月 15 日拍摄的火星，此图中火星视星等只有约 1.2 等。可以看出图 6.10 中的火星比图 6.11 中的火星大了很多。

◎ 图 6.10 2018年8月24日拍摄的火星

图6.11　2017年2月15日拍摄的火星

6.5　天王星和水星拍摄

2017 年 2 月 15 日傍晚，金星、火星和天王星在天球上相距很近，均处在双鱼座方向。图 6.12 为 2017 年 2 月 15 日拍摄的天王星（图中最亮的那颗）。

天王星的体积约为地球的 65 倍，质量约为地球的 14.6 倍。自转周期约为 17 小时，公转周期约为 84 年，到太阳距离约为 19 倍日地距离（19 AU）。图 6.12 拍摄的天王星视星等约为 6 等。

○ 图6.12　2017年2月15日拍摄的天王星

水星是八大行星中距离太阳最近的一颗。水星的体积约为地球的 0.056 倍，质量约为地球的 0.055 倍。自转周期约为 59 天，公转周期约为 88 天，到太阳距离约为 0.387 倍日地距离（0.387 AU）。水星与太阳的角距太小而导致水星常被黎明或者黄昏太阳的光芒淹没，较难被拍摄到。图 6.13 为 2018 年 7 月 8 日 20: 37 拍摄的水星。

○ 图6.13　2018年7月8日20: 37时拍摄的水星

海王星是八大行星中距离太阳最远的一颗。海王星的体积约为地球的58倍，质量约为地球的17倍。自转周期约为22小时，公转周期约为165年，到太阳距离约为30倍日地距离（30 AU）。海王星较暗，如果没有运动到较亮的恒星周围，在导星镜中很难找到其所在天区。八大行星参数的近似值见表6.1。

表6.1　八大行星参数列表

	水星	金星	地球	火星	木星	土星	天王星	海王星
体积/地球	0.056	0.86	1	0.15	1316	745	65	58
质量/地球	0.055	0.82	1	0.11	318	95	14.6	17
自转周期	59天	243天	1天	24:37	9:50	10:14	约17时	约22时
公转周期	88天	225天	365天	687天	11.8年	29.5年	84年	165年
与日距离	0.387 AU	0.72 AU	1 AU	1.5 AU	5.2 AU	9.5 AU	19 AU	30 AU

6.6　灶神星拍摄

太阳系的八大行星距离太阳由近及远依次为水星、金星、地球、火星、木星、土星、天王星和海王星。在火星公转轨道和木星公转轨道之间分布着50万颗以上的小行星，此小行星密集区域称为小行星带。只有少数小行星尺度超过 100 km，例如，谷神星、智神星、婚神星和灶神星。

图 6.14 为 2017 年 1 月 18 日拍摄的灶神星（右下角亮星）。图中左上角的恒星呈明显的三角形结构。右上角亮星为双星 HIP 39194（该望远镜没办法分辨两颗亮源）。两天后，1 月 20 日重复拍摄此天区，发现右下角亮星不见了，如图 6.15 所示。将望远镜稍向右上方移动拍摄 HIP 39194 发现灶神星已经运动到了右上角，如图 6.16 所示。短短两天时间，灶神星就运动了相当可观的一块天区，这和前面我们讲的巴纳德星的自行形成鲜明的对比。巴纳德星 76 年才运动了比较可观的一块天区，灶神星两天就可以运动得很远，这说明了灶神星是太阳系内的小行星而不是遥远的恒星。包括上面提到的金星“超越”木星现象，都诠释了行星是天空中行走的天体这一层含义。

○ 图6.14　2017年1月18日拍摄的双星HIP 39194和小行星灶神星

○ 图6.15　2017年1月20日拍摄的双星HIP 39194

○ 图6.16　2017年1月20日拍摄的双星HIP 39194和小行星灶神星

第7章
单星和双星拍摄

7.1 单星和双星定义

恒星是天体中的主体。前面章节我们已经学习了恒星的命名、位置、视星等、绝对星等、距离、视差、光谱等基本参量，也学习了恒星是在星云中诞生的。拍摄了卫星、行星之后自然要对恒星进行拍摄。

单星是孤立存在的恒星，单星近旁没有与之相互绕转的恒星。近邻恒星对单星产生的万有引力加速度十分微弱，可忽略不计。下面我们来计算一下比邻星南门二对太阳的万有引力加速度数值。太阳质量（$M_{\odot}$）为 1.9891×10^{30} kg，南门二取一个太阳质量数量级，南门二到太阳距离取 $R = 4.30$ 光年。万有引力常数 G 取 6.67×10^{-11} N · m²/kg²。太阳受到南门二的万有引力加速度为 $G(M_{南门二})/R^2 = 8.02 \times 10^{-14}$ m/s²。距离太阳最近的恒星南门二对太阳产生的万有引力加速度十分微弱，可忽略不计。因此，太阳是一颗名副其实的单星。

在银河系中至少有 30% 的恒星是双星系统。广义上双星是指物理双星和视双星的总称。狭义上双星指物理双星。彼此相距很近、相互吸引并绕公共质心旋转的双星称为物理双星。投影在天球上很靠近、实际上彼此相距很远、没有引力联系的“双星”称为视双星，它们实际上是两颗单星。组成双星的两颗星称为双星的子星。较亮的子星称为主星，较暗的子星称为次星。

两颗子星之间有一定的距离，通过望远镜可以直接分辨出子星的双星称为目视双星。天狼星及其伴星就是典型的目视双星系统，如图 7.1[1] 所示。两颗子星相距很近，演化过程受到对方的严重影响甚至有物质交换，需要借助于恒星的视向速度、谱线位移、光度变化等才能区分

图7.1　天狼星及其伴星[1]

的双星称为密近双星。

双星系统的比例很高。而且随着科技的进步，早些年发现的双星系统中的子星往往还是双星系统。3 颗到十来颗恒星聚合在一起，受引力相互作用组成聚星。北斗七星中的开阳星就是著名的聚星系统。图 7.2 为使用楚雄师范学院 40 cm 科普望远镜拍摄的开阳星及其辅星。根据公式（4.1）中给出的望远镜极限分辨角公式计算 40 cm 望远镜的极限分辨角约为 0″.35（在大气中望远镜一般达不到此分辨能力）。图中下侧为 3.95 等开阳星辅星（开阳增一），上侧为 2.20 等开阳星。开阳双星的角距大约为 15″，所拍摄图片刚好能够分辨出开阳双星。实际上，开阳双星中的子星分别为三合星和密近双星，开阳辅星也为密近双星。所以，开阳星和辅星实为 7 颗星组成的聚星系统。

图7.2　开阳星及其辅星（楚雄师范学院40 cm科普望远镜拍摄）

7.2 恒星的颜色

晴朗的夜晚，漫天繁星璀璨。仔细观看，我们会发现恒星是有颜色的，有些偏蓝，有些偏红。图 7.3 为拍摄的天蝎座 α 星（心宿二），该星看起来呈橙红色。查阅资料后发现心宿二为目视双星。主星是一颗 1 等的红超巨星（光谱型为 M 型），次星是一颗 5 等的蓝色矮星（光谱型为 B 型）。图 7.4 为拍摄的金牛座 α 星（毕宿五），图 7.5 为拍摄的御夫座 α 星（五车二），图 7.6 为拍摄的天琴座 α 星（织女星）。我校科普望远镜没有自动调焦系统，需要手动调节焦距。

◎图7.3　心宿二（楚雄师范学院40 cm科普望远镜拍摄）

此 3 幅图的焦距显然没有图 7.3 的焦距调节得好。但是此 3 幅图中的两束光线刚好更容易观察对应恒星的颜色。毕宿五呈明显的橙色，光谱型为 K 型。查阅资料显示五车二为聚星系统，看起来呈黄白色，光谱型为 G 型。织女星呈明显的蓝色，光谱型为 A 型。

◎ 图7.4 毕宿五（楚雄师范学院40 cm科普望远镜拍摄）

恒星的颜色不同能够反映出恒星的哪些信息呢？前面我们介绍恒星光谱分类时曾经提到恒星的光谱类型和有效温度（有效温度近似为恒星表面温度）有对应关系。由德布罗意关系可以得出能量和波长呈反比关系。由热力学与统计物理知识又可以得出能量和有效温度呈正比关系。恒星看起来颜色偏红，代表着可见光波长偏大，能量偏小，有效温度偏低。恒星看起来颜色偏蓝，代表着可见光波长偏小，能量偏大，有效温度偏高。心宿二主星的温度约为 3500 K，而织女星的温度约为 9000 K。

○ 图7.5 五车二（楚雄师范学院40 cm科普望远镜拍摄）

○ 图7.6 织女星（楚雄师范学院40 cm科普望远镜拍摄）

7.3 南天恒星拍摄

楚雄市的地理纬度约为北纬 24° 。也就是说，有机会观察天球上南纬 66° 以北所有的明亮天体。典型的南天亮星有参宿七（–08° ）、角宿一（–11° ）、天狼星（–16° ）、心宿二（–26° ）、北落师门（–29° ）、老人星（–52° ）、十字架一（–57° ）、水委一（–57° ）、十字架三（–59° ）、马腹一（–60° ）、南门二（–60° ）、十字架二（–63° ）等。然而，并不是南纬 66° 以北的明亮恒星都能够被拍摄到。望远镜所在的楚雄师范学院花果山校区向南望去是新建的商品房大楼和彻夜不息的明亮广告灯。

图 7.7 为拍摄的北落师门恒星（alpha PsA），右下方有一颗 9 等恒星勉强分辨。图 7.8 为拍摄的南极老人星（alpha Car）。老人星的赤纬为 −52° ，在我国首都北京附近（40° ），该星无法升到地平线以上，也就没办法被观测到。该星看起来十分明亮，因为它是全天除了太阳和天狼星最亮的恒星。图 7.9 为拍摄的水委一恒星（alpha Eri）。水委一的赤纬为 −57° ，处在北纬 24° 的楚雄市该星的高度角最高为 9° 。楚雄师范学院的四楼物电学院教学楼向南边地平线望去勉强拍摄到该星。拍摄水委一下方赤纬 −58° 的恒星 HIP 7506、HIP 7387 和 HIP 7297（图 7.10）可以证实拍摄的图 7.9 确实为水委一。HIP 7506 为 6 等 M 型恒星，HIP 7387 为 6 等 F

型恒星，HIP 7297 为 8 等 K 型恒星。该三星的位置关系构成三角形结构。

○ 图7.7　北落师门（楚雄师范学院40 cm科普望远镜拍摄）

○ 图7.8　老人星（楚雄师范学院40 cm科普望远镜拍摄）

○ 图7.9　水委一（楚雄师范学院40 cm科普望远镜拍摄）

○ 图7.10　恒星HIP 7506、HIP 7387和HIP 7297（楚雄师范学院40 cm科普望远镜拍摄）

7.4 双星拍摄

前面提到了双星的基本概念，这一小节简要介绍双星拍摄。图7.11 为拍摄的天鹤座目视双星 pi1 Gru（HIP 110478）和 pi2 Gru（HIP 110506）。HIP 110478 为 6.4 等星，视差约为 0″.006 13，距离约为 530 光年。HIP 110506 为 5.6 等星，视差约为 0″.025 11，距离约为 130 光年。因此，两颗星相距 400 光年以上，只是投影在天球上天鹤座天区中相距很近的位置。它们是视双星（“假双星”）。图中 HIP 110478 看起来呈明显的橙红色，说明其表面温度很低。这两颗恒星的赤纬约为 –46°，也是很偏南的南天恒星。它们远不如老人星那么明亮，要用 40 cm 科普望远镜拍它们需要极好的天气。

◎ 图7.11 天鹤座目视双星（楚雄师范学院40 cm科普望远镜拍摄）

很多星座都包含丰富的双星系统。图 7.12 为拍摄的天琴座 zeta 目视双星系统。其中 zeta1 Lyr（HIP 91971）为 4.3 等星，zeta2 Lyr（HIP 91973）为 5.7 等星。两颗星角距明显大于开阳双星角距，40 cm 科普望远镜能够清晰地分辨出此目视双星。

图7.12 天琴座zeta目视双星系统（楚雄师范学院40 cm科普望远镜拍摄）

图 7.13 为天琴座 epsilon 双双星系统。左侧橙黄色恒星为 6 等恒星 HIP 91820。右侧目视双星 epsilon1 Lyr 和 epsilon2 Lyr 分别由两颗密近双星组成，它们构成了著名的双双星系统。

图 7.14 为波江座双星系统 HIP 7751A 和 HIP 7751B。它们是两颗 6 等恒星组成的双星系统，相距很近，从该图片上可以勉强看出是双星结构。

○ 图7.13 天琴座epsilon双双星系统（楚雄师范学院40 cm科普望远镜拍摄）

○ 图7.14 波江座双星系统HIP 7751A和HIP 7751B（楚雄师范学院40 cm科普望远镜拍摄）

第8章
星团、星云和星系拍摄

8.1 星团拍摄

前面章节中，我们学习了对卫星、行星和恒星的拍摄，在这一章节我们学习对星团、星云和星系的拍摄。

星团是指由成团的恒星组成相互之间存在物理联系（引力作用）的恒星群。一般而言，我们认为星团中的成员星具有相同的起源和年龄。星团是天体结构与演化的重要研究目标。根据形状和结构，一般把星团分为两类：疏散星团和球状星团。

疏散星团结构疏散，形状不规则。成员星的数量一般为十几颗到上千颗。例如，第一章中提到的昴星团（M45）就是典型的疏散星团。图 8.1 至图 8.4 分别为使用 40 cm 科普望远镜拍摄的疏散星团 M6、M7、M36 和 M41。视场中拍到的明亮恒星数目均超过 10 颗。疏散星团所张的角直径往往比较大。有些恒星温度较高，呈蓝白色；有些恒星温度较低，呈橙黄色。只要附近有比较明亮的恒星，疏散星团本身又比较亮，该疏散星团就会比较容易被找到并拍摄到。

○ 图8.1 疏散星团M6（蝴蝶星团）（楚雄师范学院40 cm科普望远镜拍摄）

球状星团呈球形或者扁球形。成员星数量一般为几万颗到几百万颗。图 8.5 至图 8.8 为使用 40 cm 科普望远镜拍摄的球状星团 M13、M15、M22 和 NGC 5139（C80）。M13 为武仙座球状星团。图 8.5 中，左下角恒星为 HIP 81848。该恒星光谱型为 K 型，颜色为橙黄色，视亮度和 M13 相差不多，均约为 6 等天体。M15 为 6 等球状星团，周围有较多的亮星。M22 为 5 等球状星团，周围也有较多亮星。NGC 5139 为半人马座 Ω 星团，视星等约为 5 等，赤纬为 –47°。该星团为明亮的南天球状星团。4 幅图中都可以看出，球状星团所张

角直径和疏散星团相比小很多。球状星团中心密集，周围相对疏散。球状星团中包含着密密麻麻的恒星，实为紧密的恒星集团。较亮的球状星团也比较多，例如，M62（约 7 等）和 M75（约 8 等）。感兴趣的同学可以尝试着对其进行拍摄。

◎ 图8.2　疏散星团M7（楚雄师范学院40 cm科普望远镜拍摄）

◎ 图8.3　疏散星团M36（楚雄师范学院40 cm科普望远镜拍摄）

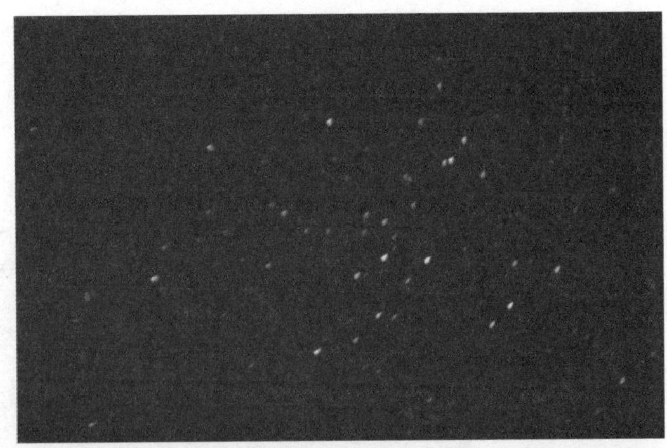

○ 图8.4　疏散星团M41（楚雄师范学院40 cm科普望远镜拍摄）

○ 图8.5　球状星团M13（楚雄师范学院40 cm科普望远镜拍摄）

○ 图8.6　球状星团M15（楚雄师范学院40 cm科普望远镜拍摄）

○ 图8.7　球状星团M22（楚雄师范学院40 cm科普望远镜拍摄）

○ 图8.8　球状星团NGC 5139（楚雄师范学院40 cm科普望远镜拍摄）

8.2 星云拍摄

星云是指银河系内由气体和尘埃组成、密度很小的云雾状天体。星云的密度一般为每立方厘米几十个到几千个原子或离子。星云按照形状可分为弥漫星云和行星状星云。弥漫星云形状不规则、没有明显的边界。第 1 章中展示的猎户座大星云（M42）即为弥漫星云。

行星状星云中心有一颗亮星、周围呈球形或扁球形，看起来像行星和行星的大气圈。图 8.9 为使用 40 cm 科普望远镜拍摄的天琴座环状星云 M57（下部稍偏右位置处淡绿色圈）。该星云中心为一颗白矮星，视亮度较低，拍摄照片中不能分辨。根据第 3 章中介绍的恒星结构与演化理论，所拍摄的猎户座大星云 M42 为恒星形成阶段，拍摄的天琴座环状星云 M57 为中小质量恒星的演化末了阶段。恒星的一生真的是五彩缤纷、绚丽夺目。

○ 图8.9　天琴座环状星云M57（楚雄师范学院40 cm科普望远镜拍摄）

图 8.10 红圈位置处为蟹状星云 M1（弥漫星云）。蟹状星云在不断地扩张，科学研究表明，它是 1054 年超新星爆发遗留下来的痕迹。

图8.10　蟹状星云M1（楚雄师范学院40 cm科普望远镜拍摄）

星云按照发光性质可以分为发射星云、反射星云和暗星云[1]。发射星云是指被中心或者附近的恒星激发后能够自行发光的星云。图 8.11 展示的是礁湖星云 M8。M8 包含发射星云 NGC 6523 和疏散星团 NGC 6530。图 8.11 中星云的结构不能识别，疏散星团的结构十分清晰。反射星云是指被激发的强度不够（中心或附近恒星温度较低），只能反射和散射星光的星云，如 M42。暗星云是指没有光或者光度不足以令望远镜可见（一般中心或附近均无亮星）的星云。该星云可以通过背景恒星显现出来，如 IC 434（猎户座马头星云）。

图8.11　M8（楚雄师范学院40 cm科普望远镜拍摄）

8.3 星系拍摄

星系是构成可观测宇宙的基本成员。在第 1 章中，我们展示了中国科学院云南天文台丽江观测站全天相机拍摄的银河系。图 8.12 从上到下展示的是 radio continuum （408 MHz）、atomic hydrogen、radio continuum （2.5 GHz）、molecular hydrogen、infrared、mid-infrared、near infrared、optical、X-ray、gamma ray 不同波段的银河系图片[18]。其中，可见光波段的银河系和图 1.7 展示的银河系十分相似，只是一个为水平展示，另一个为球面展示。

○ 图8.12　不同波段的银河系图片[18]

银河系的尺度为 10 万光年数量级。河外星系到地球的距离一般明显大于银河系的尺度。哈勃观测了很多星系后，于 1926 年提出了哈勃分类法。在后期他不断地修改完善，将星系细分为椭圆星系、旋涡星系、棒旋星系、透镜状星系和不规则星系五大类。

银河系包含银盘、银晕、银核和旋臂结构，为棒旋星系。图 8.13 为使用 40 cm 科普望远镜拍摄的河外星系 M31 和 M32。其中 M31 视星等约为 3.5 等，M32 视星等约为 8 等。星系中心处恒星密集，看起来十分明亮。M31 为拥有旋涡状结构的旋涡星系，只是由于视角问题以及望远镜口径较小很难分辨出旋臂结构。M32 为椭圆星系。该望远镜的视场刚好可以把 M31 和 M32 拍在一张图片上。实际上，距离 M31 不远处还有一个椭圆星系 M110（视星等约为 9 等）。感兴趣的同学可以尝试对其进行拍摄。在第 1 章中我们提到过仙女座大星云（仙女座星系）M31 到地球的距离约为 250 万光年。

图8.13 河外星系M31和M32（楚雄师范学院40 cm科普望远镜拍摄）

图 8.14 为使用 40 cm 科普望远镜拍摄的河外星系 M51。图 8.15 为 SIMBAD 天文数据库（第 4 章末尾提到）中截取的 M51 及附近天体图片。两幅图对比能够确定我们拍到的 M51 在图片中的位置。M51 为旋涡星系，从图 8.15 中可以看出，两个子星系正在发生相互作用。一个子星系有两条旋臂结构，其中一条旋臂延伸到了另一个子星系中。天文数据库中给出的图片非常壮观。由于望远镜口径较小，我们只拍到了 M51 两个子星系的中心最亮部分。M51 视星等约为 9 等，到地球的距离约为 3000 万光年。

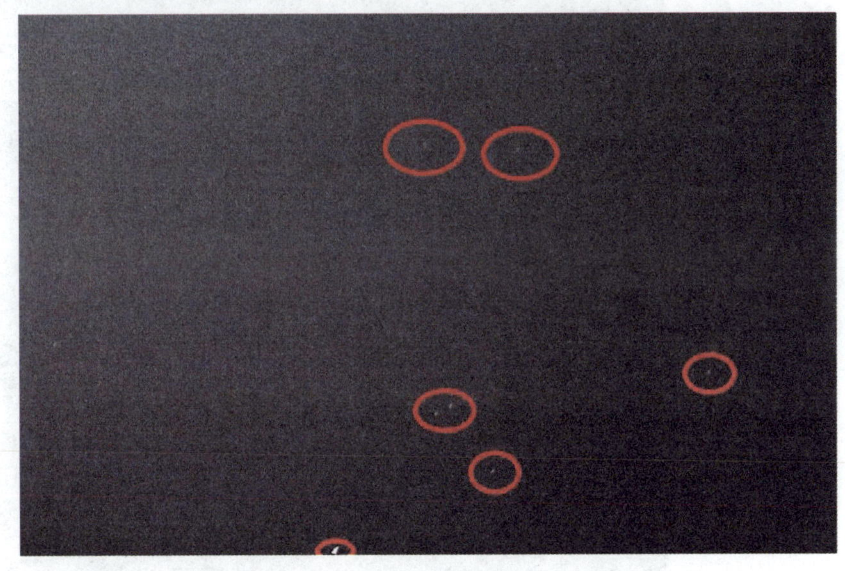

图8.14　河外星系M51（楚雄师范学院40 cm科普望远镜拍摄）

○ 图8.15 河外星系M51（SIMBAD天文数据库网站）

通过和 SIMBAD 天文数据库以及 stellarium 软件中有关恒星的相对位置关系对比，图 8.16 中红圈位置处为河外星系 M108，即冲浪板星系。该星系视星等约为 10 等，到地球的距离约为 4600 万光年。

◎ 图8.16 河外星系M108（冲浪板星系）（楚雄师范学院40 cm科普望远镜拍摄）

感兴趣的同学可以尝试拍摄河外星系 M33、M58、M59、M86、M87、M89、M90、M95、M98、M110 等。

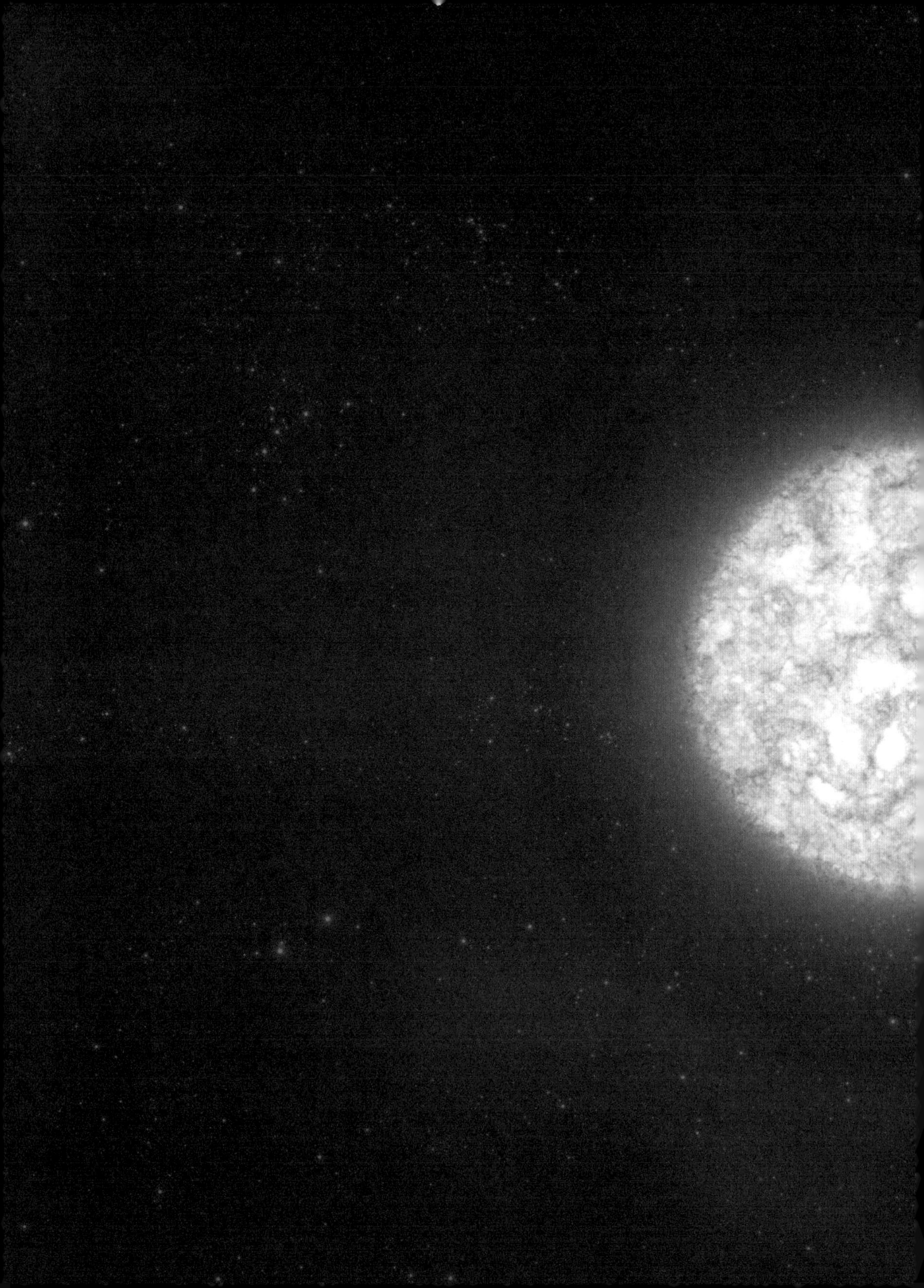

第9章
脉动变星简介和米拉变星拍摄

9.1 脉动变星简介

在前面的章节中，我们学习了对卫星、行星、恒星（单星和双星）、星团、星云和星系的拍摄。在本章中，我们一起来学习一类特殊的恒星——脉动变星。

恒星内部的波动传播导致恒星出现光度、有效温度、谱线轮廓、视向速度等物理量的周期性变化，这类恒星称为脉动变星。脉动变星的脉动周期有短到几百秒的（如脉动白矮星），也有长达几年的（如米拉变星和长周期变星）。

机械振动在弹性介质中传播，形成机械波。恢复力不同，产生的波的种类和性质也不尽相同。一般而言，恒星内部的压力和引力互相平衡，维持着恒星处于准静态结构[6, 13]。一旦压力或者引力出现某种扰动而导致失去平衡状态，就会出现恢复力导致振动波的出现。由压力扰动造成的振动产生的振动波为纵波，引起的脉动现象称为恒星的 p 模式振动。由引力扰动造成的振动产生的振动波为横波，引起的脉动现象称为恒星的 g 模式振动。恒星 p 模式振动和 g 模式振动是比较普遍的恒星脉动现象。

图 9.1[19] 为脉动恒星在赫罗图中的分布。β Cephei 型变星一般为中心氢燃烧阶段的大质量主序星。光变周期约为几小时，光变幅度一般小于 0.3 星等，常见于 p 模式振动。慢脉动 B 型变星（SPB）一般为中心氢燃烧阶段的中等质量恒星，脉动周期约为几天，光变幅度一般小于 0.04 星等，属于小变幅 g 模式脉动体。δ Scuti 型变星一般介于中等质量恒星和小质量恒星之间，光变幅度小于 0.3 星等，属于小变幅脉动体。γ Doradus 型变星一般为小质量恒星，光变幅度小于 0.1 星等，属于小变幅脉动体。造父变星

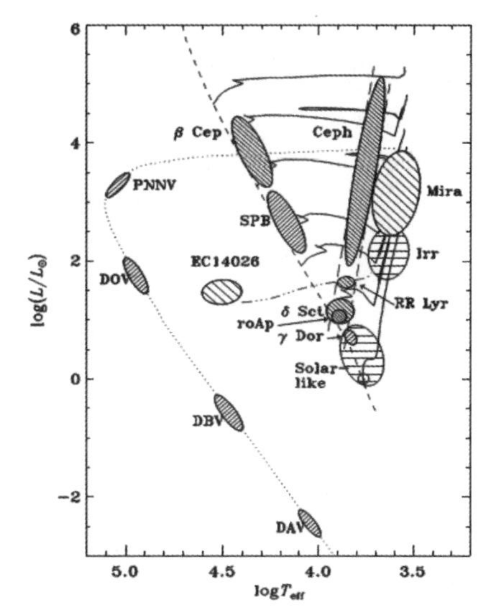

◎ 图9.1　脉动恒星在赫罗图中的分布[19]

（Ceph）一般为中大质量恒星，处在中心氦燃烧阶段。光变幅度较大时可达 2 星等，为大变幅脉动体。造父变星存在周期－光度关系，周期越长光度越大。RR Lyrae 型变星一般为小质量年老（超过 100 亿年）恒星。光变幅度较大时可达 2 星等，为大变幅脉动体。RR Lyrae 常见于银河系年老的球状星团中。由于该变星的绝对星等均约为 0.6 等，视星等的大小即反映出到地球的距离。米拉（Mira）变星一般为中小质量恒星演化到 AGB 阶段时出现的恒星脉动现象。脉动周期为年的量级，视星等变幅一般超过 5 等，较大时可达 10 等。米拉变星表面存在尘埃等物质，辐射的主要波段在红外和亚毫米波段，视星等的大变幅并不反映光度的真实变幅。低光度 Mira 变星是长周期变星（LPV）中的一种，常见的长周期变星（LPV）还有大质量红超巨星长周期变星和中等质量的 AGB 星长周期变星。脉动白矮星的质量约为 0.6 $M_{\odot}$，体积为地球体积的数量级。白矮星有巨大的密度和强大的引力，为 g 模式脉动体。常见的脉动白矮星有 DA 型脉动白矮星、DB 型脉动白矮星、DO 型脉动白矮星和行星状星云中心核变星。

9.2 米拉变星拍摄

米拉变星视星等的大变幅深深吸引着广大天文爱好者。R Leo 即为一颗很好的米拉变星目标源。R Leo 的视星等可以从 4.4 等变化到 11.3 等。R Leo 的脉动周期约为 310 天，大约 10 个月，即 R Leo 从最亮变化到最暗大约需要5个月的时间。图9.2为2018年5月6日使用40 cm科普望远镜拍摄的R Leo。从图9.1中也可以看出米拉变星表面温度很低，光谱型一般为M型。看起来呈橙红色。图9.2中，米拉变星周围的HIP 48029是一颗6.4等恒星。旁边还有两颗较暗的9等恒星。R Leo很亮时和6.4等恒星亮度差不多，或者说比6.4等星还亮，很暗时和9等星亮度差不多，或者说比9等星还暗。图9.3为2018年10月18日早晨太阳还没升起时使用40 cm科普望远镜拍摄的R Leo。图9.3中的R Leo明显比图9.2中的R Leo暗很多。图9.2中R Leo和6等星亮度差不多，图9.3中R Leo和9等星亮度差不多。通过查询第4章提供的美国变星观测者协会网站，2018年5月6日的R Leo视星等约为6等，2018年10月18日的R Leo视星等约为10等。同学们可以尝试对米拉变星R CMi、R Crv、R Gem、R Hya、R Vul、S CMi、S Ori等进行拍摄分析。

○ 图9.2　2018年5月6日拍摄的R Leo（楚雄师范学院40 cm科普望远镜拍摄）

图9.3 2018年10月18日早晨拍摄的R Leo（楚雄师范学院40 cm科普望远镜拍摄）

参考文献

[1] 余明 . 简明天文学教程 . 北京：科学出版社，2012.

[2] 李竞，余恒，崔辰州 . 英汉天文学名词 . 北京：中国科学技术出版社，2015.

[3] 景海荣，詹想，王玉民 . 中国的星空 . 北京：北京科学技术出版社，2015.

[4] 伦宝利，秦松年，王建国，等 . 2.4 米望远镜主镜镀膜工艺的研究 . 天文研究与技术 . 2014, No. 02. 176–183.

[5] Jacoby G. H., Hunter D. A., Christian C. A. A library of stellar spectra. ApJS, 1984, 56: 257–281.

[6] 李焱 . 恒星结构演化引论 . 北京：北京大学出版社，2014.

[7]Pickering E. C. Periods of 25 Variable Stars in the Small Magellanic Cloud. HarCi, 1912, 173, 1–3.

[8] Hubble E. P. Cepheids in spiral nebulae. PA, 1925, 33, 252–255.

[9] Hubble E. A relation between discance and radial velocity among extra-galactic nebulae. CoMtW, 1929, 3, 23–28.

[10] Greenstein J. L.,Matthews T. A. Redshift of the Radio Source 3C 48. AJ, 1963, 68, 279.

[11] Barnard E. E. A small star with large proper-motion. AJ, 1916, 29, 181–183.

[12] Weber R. Observation de L′etoile de Barnard avec une chambre photographique a court foyer. LAstr, 1953, 67, 377–378.

[13] 黄润乾 . 恒星物理 . 北京：中国科学技术出版社，2006.

[14] Schaller G., Schaerer D., Meynet G., et al. New grids of stellar models from 0.8 to 120 solar masses at Z = 0.020 and Z = 0.001. A&AS, 1992, 96, 269–331.

[15] Jansky K. G. Electrical phenomena that apparently are of interstellar origin. PA, 1933, 41, 548–555.

[16] Reber G. Cosmic static. ApJ, 1940, 91, 621–624.

[17] 中国探月工程影像数据发布网站：http://moon.bao.ac.cn

[18] Sparke L. S. , Gallagher J. S. Galaxies in the Universe An Introduction, Cambridge: Cambridge University Press, 2007.

[19] Christensen–Dalsgaard JΦrgen Lecture Notes on Stellar Oscillations. Aarhus Universitet, Http://astro.phys.au.dk/ ~ jcd/oscilnotes/, Aarhus, 2003.